BIBLIOTHÈQUE PRATIQUE DE L'INGÉNIEUR

LOUBAT

VOLUME VII

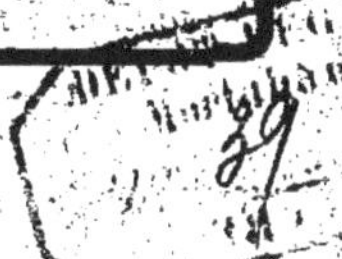

LES INSTALLATIONS de CHAUFFAGE CENTRAL

MANUEL PRATIQUE

à l'usage des débutants dans l'industrie du chauffage

H. TILLY
Ingénieur.

Tél. : ARCHIVES 11.12.

J. LOUBAT
15, Boulevard St-Martin
PARIS

Chaudières " LA GAULOISE "

Brevetées S. G. D. G.

Conception Française

—□—

VAPEUR BASSE PRESSION

EAU CHAUDE

SERRES

———

FOYER GAZOGÈNE

———

Alimentation Automatique du Foyer

———

Combustion Rationnelle et Economique

—□—

4 Séries

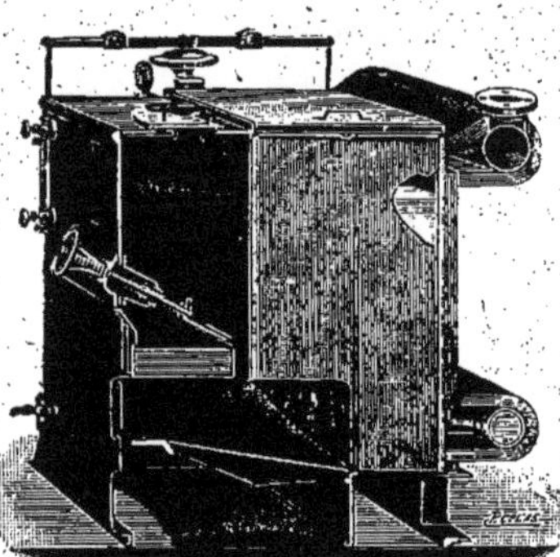

Fabrication Françai

—□—

CHAUFFAGE CONTIN

OU INTERMITTENT

———

MAGASIN de COMBUSTIB

INDÉPENDANT du FOYE

———

FACILITÉ DE SERVIC

———

RÉGLAGE SENSIBLE

———

5.000 RÉFÉRENCE

—□—

42 Modèles

de $1^{m^2}45$ à $30^{m^2}70$

de surface de chauff

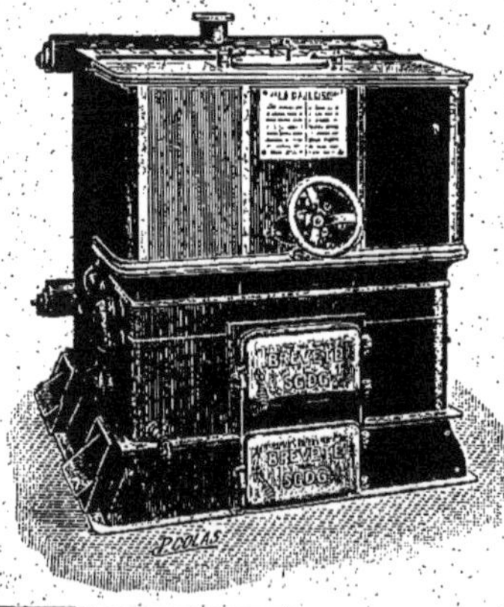

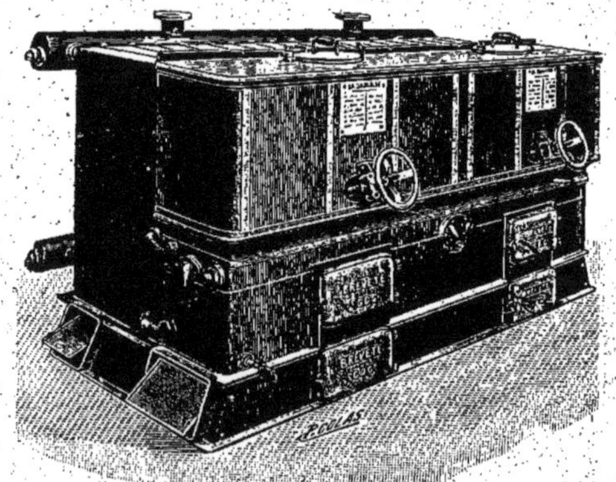

Société des Chaudières " LA GAULOISE "

Téléphone : MARCADET 21-68

224 bis, Rue Marcadet, PARIS-18e

USINES à PONT-SUR-SAULX (Meuse)

Téléphone : MARCADET 21-68

LES INSTALLATIONS

DE

CHAUFFAGE CENTRAL

OUVRAGES RECOMMANDÉS

* **L'Hygiène du Bâtiment et de l'Usine,** *Revue Pratique de chauffage et ventilation,* publication mensuelle.

ABONNEMENT : France. **20** fr. — Etranger. **24** fr.

---

* **Agenda Aide-Mémoire de l'Ingénieur sanitaire,** par Em. MATHIEU, collaborateur à l'Hygiène du Bâtiment et de l'Usine (*ne paraîtra que sous forme d'aide-mémoire en 1920*).

Renseignements mathématiques. Poids et mesures. Intérêts. Annuités. Paiement de journées. Physique industrielle. Mécanique. Systèmes employés, etc. Chauffage et ventilation. Hygiène des locaux habités. Ventilation des locaux habités. Chauffage des bâtiments. Applications industrielles du chauffage et de la ventilation. Préparations d'eau froide et d'eau chaude dans les bâtiments, etc. Poids et dimensions du commerce. Renseignements sur les tuyauteries. — Luxueux portefeuille, relié peau, avec pochette. Longueur 155 m/m, largeur 105 m/m, 284 pages, 134 fig . . . . **10** fr.

---

* **Chauffage et ventilation,** par Ed. DENY (voir Aide-Mémoire Pratique de l'Ingénieur (*sous presse*). . . . . **19** fr. **50**

---

* **Notes sur le chauffage des bâtiments,** par Em. MATHIEU, capitaine commandant du Génie belge.

PREMIÈRE PARTIE. — Note relative à la transmission de la chaleur à travers les parois d'un local chauffé (30 pages, 6 fig.).

DEUXIÈME PARTIE. — Calcul des installations de chauffage par l'eau chaude à basse pression (83 pages, 32 figures et 2 abaques).

TROISIÈME PARTIE. — Réception des installations de chauffage (30 pages, 2 figures et 2 abaques). — Prix broché des 3 parties . . . . **15** fr.

---

* **Séchage par l'air et par la vapeur,** par E. HAUSBRAND, traduit par Em. MATHIEU, capitaine commandant du Génie belge.

Introduction. Détermination du poids maximum de vapeur d'eau saturée qui peut être contenu dans 1 kg. d'air à diverses pressions et à diverses températures. Calorique nécessaire pour l'échauffement du résidu de séchage et des supports. Quelques déductions au sujet de l'air et de la vapeur. Calcul du poids et du volume d'air nécessaire et de la consommation de calorique minimum dans les appareils de séchage par l'air chauffé au préalable et maintenu à la même température dans le séchoir. Séchage par contact direct avec des gaz brûlés. Batterie de chauffe, vitesse de l'air, dimensions du séchoir, surface de la matière à sécher. Pertes de chaleur. Tables. — 106 pages, 4 figures, 3 planches hors texte. Prix relié . . . . Net. **20** fr.

---

* **Détermination des diamètres des conduites de chauffage à vapeur et à eau chaude,** par E. RITT, ingénieur.

PREMIÈRE PARTIE. — Théorie générale. Pertes de pressions par frottement. Pertes de pressions par résistance ayant une fois lieu. Application spéciale à la détermination des diamètres des conduites de vapeur à basse pression. Détermination des conduites de retour d'eau de condensation. Pratique de la détermination des conduites de retour. Tableaux.

DEUXIÈME PARTIE. — Théorie générale. Exemples. Application pratique de la théorie. Exemple numérique. Détermination des diamètres pour la conduite. Observations générales par rapport à la détermination des diamètres et au réglage de précision par les robinets. Détermination des diamètres de conduites de chauffage à eau chaude et moyenne pression. Détermination des diamètres de conduites de chauffage à eau chaude à circulation accélérée. Détermination des canalisations pour chauffage à eau chaude à grande distance, à accélération de la vitesse de circulation à l'aide d'une pompe. Tableaux. Observations générales par rapport aux coefficients de frottement. — 170 pages, 23 figures.

Prix relié . . . . **23** fr. **40**

---

* **Détermination des diamètres de conduites à vapeur à basse pression,** par E. RITT, ingénieur.

Introduction. Equation générale. Détermination des diamètres pour le projet, pour l'exécution. Détermination des diamètres de conduites de retour de l'eau de condensation. Tableaux des diamètres pour le retour des conduites de retour proportionnelles aux conduites de vapeur. Economie obtenue par l'emploi de calorifuges. Valeur des déperditions de chaleur des conduites de vapeur à basse pression par mètre courant. Coefficients de transmission usuels. Tableau donnant les valeurs utiles sur la vapeur d'eau, telles que pression, température, chaleur de vaporisation, etc. Coefficients de rendement de chaleur de surfaces de chauffe à l'air. Rendement des radiateurs, des tuyaux lisses, des tuyaux à ailettes, des serpentins. Tableau des compensateurs de dilatation en cuivre rouge, en fer, acier. Tableau de transformation des pouces anglais en m/m. Surfaces d'isolation. — Ouvrage de 54 pages, 21 figures et 4 grands diagrammes hors texte. Prix broché . . **15** fr. **60**

LES INSTALLATIONS
DE
CHAUFFAGE CENTRAL

MANUEL PRATIQUE
à l'usage des débutants dans l'industrie du chauffage

PAR

H. TILLY
Ingénieur provincial

Avec 42 figures, 9 tableaux, 4 plans et 1 abaque

TRADUIT

PAR

Em. MATHIEU
Capitaine Commandant du Génie Belge

VANNES
IMPRIMERIE LAFOLYE FRÈRES
2, Place des Lices, 2

PRÉFACE DE L'AUTEUR

Le petit ouvrage que nous présentons au public se propose comme but d'initier les praticiens débutants à la technique du chauffage central.

Il peut d'ailleurs servir à ceux qui veulent étudier par eux-mêmes, tout en pratiquant dans un bureau ; il fournit tous les renseignements particuliers nécessaires concernant la technique des machines.

Pour atteindre ce but, l'auteur a jugé indispensable de se borner aux formules et aux chiffres strictement nécessaires, sous la forme la plus simple, tout en les appuyant sur des bases scientifiques.

Une série d'exemples tirés de la pratique vient faciliter la compréhension du texte.

Comme nouveauté, nous signalons l'application de la méthode graphique au calcul des déperditions calorifiques, et des dimensions des tuyauteries ou des gaines dans les différents systèmes de chauffage, en partant d'une formule générale.

LES INSTALLATIONS DE CHAUFFAGE CENTRAL

CHAPITRE PREMIER

GÉNÉRALITÉS SUR LES INSTALLATIONS DE CHAUFFAGE CENTRAL

§ 1er Températures à maintenir dans les locaux et notions d'hygiène

Une installation de chauffage central a pour but final de réaliser, dans les locaux, la température voulue, sans contaminer l'atmosphère confinée par les produits de la combustion.

Les températures à obtenir, adaptées à la destination des locaux, peuvent être choisies comme suit, en se basant sur les exigences de l'hygiène :

a) Locaux destinés à être occupés en permanence par des personnes dans la position assise. . . . . . 20°C
b) Locaux destinés à être occupés par des personnes astreintes à un travail corporel. . . . . 15°C
c) Chambres à coucher, dortoirs. . . . . 15°C
d) Locaux où se tiennent, pendant peu de temps, des personnes habillées (salles de réunion, églises). . 12°C
e) Corridors et cages d'escalier qui, comme dans les écoles, ne sont pas destinés à un long séjour. . . 5°C en moins que les locaux occupés contigus.
f) Latrines. . . . . 5°C en plus que les locaux contigus.

En installant une gaine d'aérage on réalise dans les latrines une dépression par rapport aux locaux contigus, et on empêche ainsi l'intrusion préjudiciable des odeurs dans ceux-ci.

g) Salles de bains, buanderies, vestiaires (où l'on se déshabille complètement). . . . . 25°C
h) Bains de vapeur . . . . 45°C
i) Bains d'air tiède . . . . 50°C
j) Bains d'air chaud . . . . 60°C

Les températures doivent être obtenues à hauteur de la tête. Dans les régions supérieures de locaux chauffés, règne une température plus élevée (voir Transmission de la chaleur).

Pour maintenir ces températures au niveau voulu, il est nécessaire de fournir constamment de la chaleur, en rapport avec l'importance des déperditions calorifiques.

Les déperditions de chaleur à travers les parois d'un local sont naturellement d'autant plus importantes que la température à l'extérieur de ces parois est plus basse.

Cette dernière peut être fixée comme suit dans les locaux contigus non chauffés :

a) Locaux avec fenêtres, constamment fermées . . .	± 0°C
b). Locaux avec fenêtres, ouvertes de temps en temps. .	— 10°C
c). Locaux situés sous une toiture *étanche*	— 5°C
d). Locaux situés sous une toiture *non étanche*	— 10°C
e). Atmosphère extérieure dans l'Europe centrale, suivant le minimum de la température locale . . .	— 20° à — 25°C.

Chaque fois que la température du local descend au-dessous de la valeur exigée, l'augmentation de la chute thermique provoque sur le corps humain une réfrigération préjudiciable de l'épiderme.

Chaque fois que la température du local dépasse la normale, la faculté d'évaporation propre à l'épiderme augmente, ce qui enlève au corps humain une plus grande quantité de chaleur.

Il en résulte, malgré l'excès de chauffage du local, une sensation de frisson justifiant chez l'occupant une demande plus grande de calorique. Dans la plupart des cas de cette espèce, c'est dans cette voie que le public cherche la cause du sentiment de malaise éprouvé dans les installations de chauffage central.

Or les véritables raisons consistent, la plupart du temps, dans le choix mal approprié du système de chauffage, dans l'imperfection de la régulation et de l'état de propreté des surfaces chauffantes, et dans l'insuffisance de la ventilation du local.

Nous examinerons dans un chapitre spécial ce qui concerne l'appropriation des divers systèmes de chauffage aux problèmes que l'on se pose.

L'augmentation excessive de la température dans un local peut être provoquée par la présence d'un grand nombre d'occupants. Chacun de ceux-ci, en effet, par suite de la chaleur naturelle du sang, constitue une véritable surface chauffante possédant une température superficielle de 37° C, et capable d'émettre, suivant la différence thermique avec l'atmosphère ambiante, une quantité plus ou moins grande de calories.

En moyenne, on peut admettre que chaque adulte développe 100 calories, et chaque enfant, 50 calories par heure.

Récemment on a essayé, avec succès, d'assurer la constance de la température des locaux au moyen de régulateurs thermiques. Ceux-ci agissent sur les robinets de commande des surfaces chauffantes, soit directement (système Schulze avec fluide à grande dilatation), soit indirectement, par l'intermédiaire de l'air comprimé ou de l'électricité (systèmes Johnson et Kaeferle).

Le fonctionnement de ces régulateurs est mis en lumière par l'adjonction d'un thermomètre enregistreur placé dans le local. Si la plume décrit sur le tambour de cet appareil, une ligne à peu près droite à la hauteur de la température fixée pour le local, le régulateur thermique répond aux conditions exigées.

§ 2. — Comparaison des systèmes de chauffage central. Systèmes employés.

En général, le chauffage central le meilleur est celui qui répond aux conditions hygiéniques, et qui, tout en entraînant le minimum de frais de première installation, fonctionne avec économie et sans bruit.

Dans ces conditons, on peut classer les systèmes de chauffage central dans l'ordre décroissant, comme suit :

a) *Au point de vue hygiénique.*

1. Chauffage par l'air chaud (nettoyage et fonctionnement réguliers).
2. — par l'eau chaude à basse pression
3. — par la vapeur à basse pression.
4. — par l'eau chaude à haute pression.
5. — par la vapeur à haute pression.

Ce classement peut subir des modifications suivant les circonstances particulières.

b) *Au point de vue des frais d'exploitation.*

1. Chauffage par l'air chaud.
2. — par la vapeur à basse pression.
3. — — à haute pression.
4. Chauffage par l'eau chaude à haute pression.
5. Chauffage par l'eau chaude à basse pression.

Mais quand on n'emploie pas un combustible particulièrement bon marché, le chauffage par l'air est le plus coûteux au point de vue exploitation.

Par contre cet augmentation de prix est compensée par le fait que l'annuité d'amortissement du capital de première installation est moindre (Voir chapitre III, § 8).

c) *Au point de vue des frais de première installation.*

1. Chauffage par l'eau chaude à basse pression.
2. — par la vapeur à basse pression.
3. — par la vapeur à basse pression.
4. — par l'eau chaude à haute pression.
5. — par l'air chaud.

Dans le cas où l'installation de chauffage par la vapeur à basse pression comporte des tuyaux d'eau de condensation en cuivre, son prix est à peu près le même que celui de chauffage par l'eau chaude à basse pression.

En général, cependant, le chauffage par l'eau chaude à basse pression est le plus coûteux.

Le chauffage par l'air chaud est en usage depuis l'antiquité ; les chauffages par la vapeur, par l'eau chaude et par la vapeur à basse pression datent de l'origine du milieu et de la fin du XIXe siècle.

CHAPITRE II

PRINCIPES PHYSIQUES

§ 1er. — Mesure de la chaleur.

La mesure de la température se base sur la dilatation du mercure, phénomène uniforme entre la température de la glace fondante et le point d'ébullition de l'eau. La longueur comprise entre ces deux points est partagée en 100 divisions égales, dont chacune constitue un degré Celsius. L'échelle porte le nom de Celsius ou centigrade.

La partie négative de l'échelle comporte les mêmes subdivisions que la partie positive.

La graduation — 273°C constitue le zéro absolu.

Si l'on effectue la mesure des températures à partir du zéro absolu, on obtient toujours des nombres positifs.

L'unité technique de chaleur est fournie par la quantité de chaleur nécessaire pour échauffer 1 kilo d'eau de 1°C. On l'appelle la Calorie. Inversement, le même poids d'eau, en se refroidissant de 1°C, rend une calorie.

Ainsi, par exemple, chaque kilo d'eau d'une installation de chauffage par l'eau chaude, qui se refroidit à 80° à 60° C, émet 80 — 60 = 20 calories.

D'autre part, si l'on mélange 1 kg d'eau à 80° avec 1 kg d'eau à 60°, le mélange possède une température x, fournie par l'équation :

$$80 - x = x - 60,$$

d'où

$$x = 70°.$$

Cette équation traduit le phénomène du refroidissement de l'eau chaude jusqu'à la température x et l'échauffement de l'eau froide jusqu'à la même température ; pendant ce phénomène, la quantité de chaleur soustraite à l'une est égale à celle fournie à l'autre.

La chaleur fut considérée pendant longtemps comme une matière ; témoin l'expression *quantité* de chaleur. Comme le montra Robert Mayer en 1842, la la chaleur est une forme de l'énergie, dont l'intensité peut être mesurée en unités de travail.

D'après Joule, une calorie fournit toujours 424 kilogrammètres, de sorte que l'équivalent mécanique d'une calorie est égal à $\frac{1}{424}$ (Voir Chapitre II, §. 4).

§. 2. — Transmission de la chaleur.

La transmission de la chaleur se fait par *conduction* ou par *radiation*, suivant que les deux corps de températures différentes sont ou non en contact.

Ainsi, l'eau d'une chaudière à vapeur s'échauffe par *contact* avec la paroi chaude de la chaudière ; la chaleur rayonnante d'un poêle, par contre, fait encore sentir *à une certaine distance* son influence physiologique sur les personnes qui se trouvent dans les environs. Le premier phénomène mérite une mention particulière, en ce sens qu'il fait comprendre la *transmission* de la chaleur. En effet la transmission de la chaleur se produit, des gaz du foyer à la surface de chauffe directement en contact avec l'eau de la chaudière, par conduction et rayonnement, à travers la paroi de la chaudière. Il y a donc à la fois conduction interne de la chaleur, mais aussi absorption et émission de chaleur, par les surfaces de chauffe.

Si l'on admet que la transmission de la chaleur a atteint son régime, c'est-à-dire que la différence thermique reste constante, la quantité de chaleur émise est égale à celle absorbée. Avant l'état de régime, la première est plus grande que la seconde, parce qu'une partie doit servir, dans le cas présent, à l'échauffement propre de la tôle formant la paroi de la chaudière ; cette chaleur partielle est absorbée.

Dans le calcul des coefficients de transmission, c'est-à-dire de la quantité de chaleur qui, pour une différence de température de 1°C, traverse, en une heure, une paroi plane à faces parallèles, il faut faire entrer en ligne de compte l'absorption et l'émission calorifique des faces, ainsi que la conduction de la chaleur à travers le matériau constituant la paroi.

L'absorption et l'émission des faces limitant la paroi sont fonctions de la vitesse du milieu qui émet ou absorbe la chaleur et des propriétés des surfaces. Ainsi, par exemple, l'absorption et l'émission sont plus grandes pour des surfaces rugueuses revêtues d'une couleur sombre, que pour des surfaces bien polies.

La grandeur des coefficients de conduction interne de la chaleur dépend de l'espèce de matériau. Le coefficient est, par exemple, pour le cuivre, cinq fois plus grand que pour le fer ; c'est-à-dire qu'à travers un mètre carré d'une paroi en cuivre d'un mètre d'épaisseur, il passerait en une heure, par conduction, cinq fois autant de chaleur qu'à travers une paroi en fer de mêmes dimensions, la différence de température entre les deux faces étant la même dans les deux cas.

Si l'on combine les notions que nous venons d'exposer, on voit que la transmission horaire de la chaleur diminue quand l'épaisseur de la paroi augmente, et augmente avec la différence de température entre les deux faces. On peut donc représenter la quantité de chaleur traversant en une heure une surface d'un mètre carré, par l'expression

$$k \cdot \Delta \quad . \ . \ . \ . \quad \text{calories-heure,}$$

en désignant par k le coefficient de transmission, et par Δ la différence de température.

Si un espace est limité par des surfaces S, exprimées en mètres carrés, qui limitent des parois de constitution homogène, la perte calorifique horaire est, dans les hypothèses précédentes, égale à

$$S \cdot k \cdot \Delta . \quad . \ . \ . \ . \quad \text{calories-heure.}$$

A parler plus exactement, le coefficient de transmission k dépend lui-même de la différence de température ; mais, dans les calculs pratiques on peut ne pas en tenir compte.

Il existe des chiffres expérimentaux pour le coefficient de transmission des parois métalliques ; par contre les coefficients relatifs aux parois des locaux n'avaient pas encore été déterminés par des essais, jusque dans ces derniers temps. Ce fut l'oeuvre de *Rietschel* ; la planche I donne leurs valeurs sous forme de graphiques.

Dans les diagrammes de la planche I, les abscisses représentent les *largeurs* des parois du local, et les ordonnées les pertes calorifiques horaires correspondantes, *en supposant* une hauteur d'étage de $4^m,30$.

Les pertes à travers les fenêtres sont figurées dans un diagramme particulier, sous forme de supplément à ajouter à la perte à travers une même surface du mur dans lequel elles sont percées. Les ordonnées sont les différences entre les déperditions W_f à travers diverses surfaces de fenêtres, et celles W_m à travers la même surface du mur, c'est-à-dire la quantité $(W_f - W_m)$. Nous avons fait de même pour les portes et pour les surfaces refroidissantes analogues.

Il est recommandable, dans la pratique, de ne pas se baser, pour le calcul de l'installation de chauffage, sur les déperditions de chaleur ainsi calculées ; il est prudent de les augmenter de 10 %, vu l'approximation des coefficients.

Les déperditions afférentes aux parois et fenêtres exposées au Nord et à l'Est, doivent encore subir une augmentation particulière de 10 %.

Dans les locaux très élevés, l'ascension de l'air chaud vers le plafond entretient au voisinage de cette surface une température plus haute que près du parquet.

D'après l'expérience, on peut admettre que l'accroissement de température, à une hauteur dépassant $3^m,5$, atteint environ 10 % de la température du local pour chaque mètre de hauteur supplémentaire. Si, par exemple, une salle de 7 m. de haut doit avoir une température moyenne de 20°, il régnera, au niveau du plafond, une température de

$$20 + 0,1 \times 20\ (7 - 3,5) = 27°C.$$

Il faudra donc, dans le calcul des déperditions, introduire une température moyenne de :

$$\frac{20 + 27}{2} = 23,5°C$$

Pour des locaux de dimensions notables et dont l'occupation est de courte durée, on renonce à atteindre l'état de régime principalement par la transmission des faces murales, et l'on considère comme facteur essentiel le chauffage de l'air du local.

On ajoute aux déperditions par les fenêtres, les portes et les plafonds, la chaleur nécessaire pour élever la température de l'air de la salle, et il est recommandé, dans la pratique, de supposer que le volume d'air du local soit porté en une heure à une température double de celle prescrite.

Par exemple, si les déperditions calorifiques à travers les fenêtres et les plafonds est de 18.000 calories, le supplément à prévoir pour l'échauffement, à 10°C, de l'air d'un local mesurant 525 m³, atteindra :

$$525 \times 0,31 \times 10 \times 2 = 3500 \text{ cal.}$$

Il faudra donc que la surface chauffante produise :

$$18.000 + 3.500 = 21.500 \text{ cal./heure.}$$

On fait ici l'hypothèse que la période d'allumage (ou de mise en train) doit être d'au moins 5 heures.

Le calcul des déperditions pour le local représenté dans la fig. 1 fournit, par l'emploi du diagramme, le résultat suivant :

Paroi extérieure.	660
Fenêtre	215
Paroi intérieure.	195
Porte	55
Plancher	490
Plafond	735
	2350
Supplément de sécurité 10 %	235
Supplément pour exposition 10 %	90
Total.	2675 cal./heure.

On admet que l'installation de chauffage fonctionne sans interruption.

Si ce n'est pas le cas, il faut encore ajouter des suppléments pour l'allumage, jusqu'à l'établissement du régime : nous en parlerons plus loin (Chapitre III, Chauffage par l'air chaud).

Les locaux d'angle particulièrement exposés aux vents donnent lieu aussi à des suppléments spéciaux, dont l'importance doit être laissée à l'appréciation du praticien.

D'après ce que nous avons dit, il est facile de préparer pour chaque cas le diagramme de déperdition, en portant sur l'ordonnée du point d'abscisse $x = 1$, la quantité de chaleur $(1 \times H \times k. \Delta)$, le facteur H représentant ici la hauteur variable des locaux.

Le calcul des déperditions de chaleur se fait, en pratique, plus rapidement au moyen du diagramme qu'en se servant de la règle à calculer.

Il va de soi que, suivant les circonstances, on utilisera les deux méthodes simultanément ; dans certains cas particuliers, on arrivera au but plus vite par le calcul.

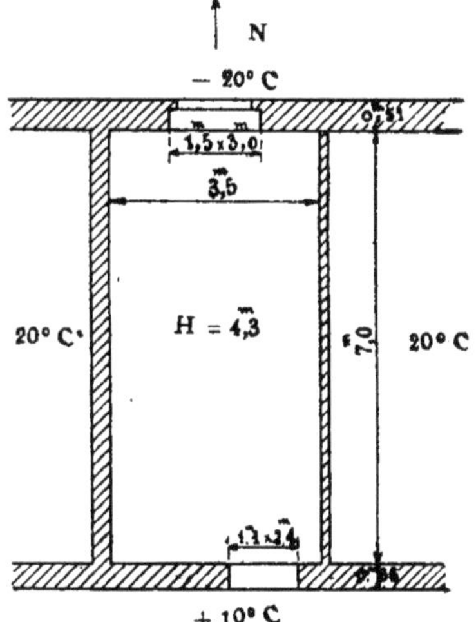

Fig. 1

C'est pour les bâtiments à plans schématiques, tels que les hôpitaux et les maisons d'habitation, que le procédé a donné les meilleurs résultats.

Dans ces derniers temps, on a tenté de substituer au procédé de détermination des déperditions basé sur l'emploi des coefficients déterminés par le calcul, un autre de caractère empirique. Des méthodes de cette espèce sont utilisées depuis longtemps pour le calcul des chauffages de serres et d'usines. Elles trouvent leur justification dans ce fait que la méthode ordinaire des suppléments n'en autorise pas scientifiquement l'emploi.

Pour les surfaces chauffantes de la chaudière et des radiateurs, on emploie aussi la formule (1)

$$S \cdot k' \cdot \Delta \quad . \; . \; . \; . \; . \; . \; . \; . \quad \text{cal./heure}$$

en désignant ici, par k' la chaleur émise en moyenne par une espèce déterminée de surface chauffante ou de chaudière, pour chaque mètre carré de la surface entrant en ligne de compte, et pour une différence de température de 1°C.

Comme le coefficient de transmission est différent aux divers points de la surface chauffante, la chaleur émise en moyenne par celle-ci doit, pour être utilisable en pratique, être déterminée uniquement par la méthode expérimentale.

D'après *Rietschel*, qui a fait de nombreux essais dans cet ordre d'idées, on peut employer dans la pratique les valeurs suivantes :

Température du local — 20° C.

Δ =	50° C	100° C	80° C	100° C
	EAU CHAUDE		VAPEUR	
	à basse pression.	à haute pression.	à basse pression.	à haute pression.
Serpentins	450	1000	900	1100
Radiateurs cylindriques.	400	—	—	—
Batterie à 2 rangées de tuyaux . .	350	—	700	—
Radiateurs	350	—	700	850
Poêles à ailettes ; les ailettes ne se pénétrant pas	200	—	350	450
Poêles à ailettes ; les ailettes se pénétrant.	175	—	325	400
Batterie de tuyaux à ailettes . . .	240	—	500	600
Δ =	20	40	30	50
Rendement d'un serpentin plongé dans l'eau.	8000	16000	25000	40000
Température de l'eau chaude de consommation	50° C	70° C	70° C	70° C

(1) La chaleur émise par m² de surface chauffante par heure, et pour une différence de température 1°C, s'appelle souvent *rendement unitaire* de la surface chauffante.

Pour des surfaces chauffantes avec enveloppe et mauvaise circulation de l'air, diminuer de 10 % les chiffres correspondant aux surfaces non enveloppées.

Pour les surfaces chauffantes disposées dans des niches, avec circulation de l'air intense, employer les mêmes valeurs que pour les surfaces non enveloppées.

En ce qui concerne le rendement de la chaudière, voir le paragraphe spécial relatif à celle-ci.

Nous donnons encore ci-après une table au sujet de la déperdition par mètre carré relative aux tuyauteries avec isolation.

NATURE DE L'ISOLATION	EAU CHAUDE		VAPEUR	
	à basse pression.	à haute pression $t_m = 115°$ C	à basse pression	à haute pression $p = 1$ atm.
Farine fossile . . . . (20 m/m d'épaisseur)	150	350	300	400
Coquilles de liège.	150	350	300	400
Tresses de soie	100	300	200	320

§. 3. — Poids spécifique, dilatation thermique, loi de Gay-Lussac.

Le poids spécifique d'un fluide, c'est-à-dire le poids d'un décimètre cube de ce fluide, diminue au fur et à mesure que la température augmente.

Ainsi l'eau possède les poids spécifiques suivants :

à 4° C. 1.00000
à 60° C. 0.98336
à 80° C. . . . . 0.97190.

Pour l'eau, la relation entre la température et le poids spécifique est exprimée par la formule du professeur Fischer :

$$\gamma = 1 - 0.000004\, t^2.$$

Dans cette formule, γ représente le poids spécifique, et t la température.

Pour les gaz et les vapeurs, le poids spécifique est, à cause de raisons pratiques, le poids d'un mètre cube de ce gaz ou de cette vapeur.

Leur poids spécifique diminue également au fur et à mesure que la température augmente.

Il faut rechercher la cause de ce phénomène dans ce fait qu'une augmentation de température est accompagnée d'une augmentation de volume ; il doit donc en résulter une diminution du poids de l'unité de volume.

Tous les gaz se dilatent de 0° C à 1° C, de la même quantité, environ $\alpha = \frac{1}{273}$, de leur volume initial, dans l'hypothèse où la pression reste constante. C'est ainsi que si une certaine quantité d'air occupe un volume initial L_o à 0° C, son volume final, à t° C, sera :

$$L = L_o + L_o \cdot \alpha t = L_o (1 + \alpha t).$$

Inversement, si l'on refroidit le volume L_o, il faut introduire, dans la formule, des valeurs négatives de t.

Par exemple, les volumes d'air, aux températures $t = +273°$ C, et $t = -273°$ C, se calculent comme suit ;

$$L_1 = L_o \left(1 + \frac{273}{273}\right) = 2\ L_o.$$

$$L_2 = L_o \left(1 - \frac{273}{273}\right) = 0.$$

En général, on a, entre les volumes L_1 et L_2 à des températures t_1 et t_2, la relation suivante :

$$\frac{L_1}{L_2} = \frac{L_o (1 + \alpha\, t_1)}{L_o (1 + \alpha\, t_2)};$$

ou bien, si l'on remplace α par $\frac{1}{273}$:

$$\frac{L_1}{L_2} = \frac{(273 + t_1)}{(273 + t_2)} = \frac{T_1}{T_2}.$$

C'est la loi de Gay-Lussac, dans laquelle T_1 et T_2 représentent les températures absolues.

Ainsi donc, les volumes résultant de l'échauffement ou du refroidissement du gaz, sont entre eux comme les températures absolues ; par contre, les poids spécifiques sont inversement proportionnels aux températures

$$\frac{L_1}{L_2} = \frac{T_1}{T_2} = \frac{\gamma_2}{\gamma_1},$$

γ_1 et γ_2 étant les poids spécifiques correspondants.

Par exemple, le poids spécifique de l'air à 40°C, est :

$$\gamma_2 = \frac{273}{273 + 40} \times 1{,}293 = 1{,}128 \text{ kg},$$

puisqu'un m³ d'air pèse 1,293 kg., à 0°C et sous la pression barométrique.

Dans tout ce qui suivra, nous supposerons que l'air est un mélange d'oxygène et d'azote oomprenant, en volumes, 79 parties d'azote et 21 parties d'oxygène, ou bien, en poids, 76 parties d'azote et 24 parties d'oxygène.

Les vapeurs ne jouissent pas de la même propriété que les gaz ; en effet, à l'encontre de ceux-ci, elles ne possèdent pas une élasticité illimitée, mais un changement de volume provoque chez elles une modification dans leur constitution. La relation entre le poids spécifique et la tension p fonction de la température est fournie par la formule de Zeuner.

$$\gamma = 0{,}61 \times p_{0,93}.$$

p désignant la pression de la vapeur en kg. par centimètre carré, rapportée au vide (c'est-à-dire la pression *absolue*). Ainsi pour $p = 2$ atm., on a :

$$\gamma = 0,61 \times 2^{0,93} = 1,128 \text{ kg.}$$

Détermination pratique du poids spécifique des corps solides et des fluides. — Si l'on pèse un morceau de charbon, d'abord dans l'eau, et ensuite en dehors de l'eau, on obtient, dans le premier cas, un poids moindre que dans le second.

Si l'eau est à la température de + 4°C, de telle sorte que chaque centimètre cube pèse 1 gr., la réduction de poids est égale à autant de fois 1 gramme que le volume d'eau déplacé contient de centimètres cubes.

L'exactitude de cette loi se démontre aisément par l'expérience, en pesant, dans les conditions spécifiées plus haut, un corps de volume connu Comme le volume de l'eau déplacée est égal à celui du corps plongé, le poids spécifique de la matière en jeu se calcule par la formule :

$$\frac{G}{V} = \gamma ;$$

formule dans laquelle

G = poids du corps en kg ou en gr.
V = volume du corps en dcm³ ou en cm³.
γ = poids spécifique en kg/dcm³ ou kg/cm³.

Si un morceau de charbon pèse 1 kg avant d'être plongé dans l'eau, et 0,2 kg. quand il est plongé, la perte de poids est de 0,8 kg. Le poids spécifique est donc :

$$\frac{1}{0,8} = 1,25 \text{ kg.}$$

Si le corps flotte sur l'eau, comme le coke par exemple, il faut le lester par un poids jusqu'à ce qu'il plonge.

Si V_1 est la réduction de poids des deux corps réunis et V_2 la réduction de poids du lest, la différence $V_1 - V_2$ = représente la poussée du corps léger.

Lestons par exemple 1 kg. de coke au moyen de 5 kg de plomb ; si l'ensemble ne pèse dans l'eau que 3,05 kg, sa poussée est de $6 - 3,05 = 2,95$; si la poussée du lest de plomb est 0,45, celle du coke sera

$$2,95 - 0,45 = 2,5.$$

Le poids spécifique de l'espèce de coke essayée est alors.

$$\gamma = \frac{1}{2,5} = 0,4.$$

Le poids spécifique des liquides se détermine facilement au moyen de l'aréomètre. On plonge, dans l'eau à + 4° C, un tube de verre fermé à son extrémité inférieure et muni d'une graduation, et on le leste de façon que le poids de tout l'appareil atteigne 100 gr.

Le point d'affleurement est marqué 100. L'aréomètre ne peut flotter que si son poids est égal à celui du volume d'eau déplacé jusqu'au trait de flottaison. Il en résulte que ce volume est égal à 100 cm³, de sorte que la graduation 100 correspond au poids spécifique 1. A partir du trait 100, et vers le haut, l'aréomètre est gradué en cm³ ; de sorte que chaque lest d'un gramme correspond à une division de l'échelle.

Suivant la profondeur de plongée, on peut ainsi lire, sur l'échelle, la quantité de liquide correspondant à 100 gr.

C'est, en général : $\frac{100}{V}$, si V est la graduation lue en cm³.

Aux graduations 50 et 100, correspondent des poids spécifiques égaux à 2 ou à 1.

Pour les acides on utilise, à cause de raisons pratiques, le plus souvent un aréomètre gradué suivant l'échelle Baumé.

Cette dernière est établie arbitrairement, d'après la hauteur de plongée dans un acide de concentration déterminée ou dans l'eau. Les poids spécifiques correspondants se lisent directement sur l'échelle.

Il ne faut pas perdre de vue que les aréomètres sont tarés pour une température déterminée du liquide envisagé ; les lectures sont donc exactes uniquement quand cette condition est remplie.

On doit par conséquent porter à la température prescrite, le liquide à éprouver.

§. 4 — Chaleur spécifique. Travail interne et externe. Changement d'état.

Comme nous l'avons déjà dit, la chaleur transmise à un corps provoque l'augmentation de son volume en même temps que l'accroissement de sa température.

Le phénomène de dilatation lutte en quelque sorte contre une force centripète ; il donne donc lieu à un travail, lequel est d'autant plus important que la quantité de chaleur transmise au corps est plus grande. On pourra donc admettre, en général, que la chaleur et le travail sont équivalents.

En fait, l'équivalent mécanique de la chaleur se détermine expérimentalement ; il se traduit par l'égalité :

$$1 \text{ cal.} = 424 \text{ kilogrammètres.}$$

Le travail utilisé pour l'augmentation de volume porte le nom de ***travail externe***, en opposition avec celui qui correspond à l'augmentation de température, et qui porte le nom de ***travail interne***.

Si l'on transmet la même quantité de chaleur à différents corps de même poids, on constate des accroissements différents de température ; ou, inversement, à de mêmes accroissements de température, correspondent des quantités de chaleur différentes. La somme de chaleur qu'il faut transmettre à un kilogramme d'un corps pour augmenter sa température de 1°C, la pression atmosphérique restant constante, s'appelle ***chaleur spécifique*** du corps.

Au fur et à mesure que la pression croît, la chaleur spécifique diminue : la chaleur transmise au corps est plutôt employée à l'accroissement de température, et non plus à la dilatation, et elle n'a aucun travail extérieur à développer.

Nous donnons ci-après la valeur de la chaleur spécifique pour plusieurs corps importants pour la technique du chauffage :

Eau	1
Air.	0,0237

Briques	0,2	en moyenne
Fer.	0,128	—
Charbon	0,28	
Coke	0,20	

Réciproquement, le refroidissement d'un kilogramme du corps de 1°C, met en liberté la chaleur spécifique de celui-ci.

C'est ainsi qu'*1 kg. d'eau se refroidissant de 80 à 60°C*, produit

$$80 - 60 = 20 \text{ cal. (Voir Chap. II, 1)}$$

1 kg. d'air, se refroidissant de 40 à 20°C, met en liberté

$$0{,}237\ (40 - 20) = 4{,}74 \text{ cal.}$$

D'autre part, 1 kg. de maçonnerie de briques, pour s'échauffer de 20°C, exige $0{,}2 \times 20 = 4$ cal.; l'échauffement d'1 kg. de fer de 30 à 80°C demande $0{,}128\ (80 - 30) = 6{,}4$ cal. Si l'on veut échauffer 1m³ d'air de 0°C à 1°C, en observant qu'1m³ d'air à 0° pèse 1,293 kg., il faudra lui transmettre :

$$1{,}293 \times 0{,}237 = 0{,}31 \text{ cal.}$$

En général, si un poids P kg. d'une matière de chaleur spécifique c, doit être échauffé de Δ°C, il faut lui céder

$$P.\ c.\ \Delta \text{ cal.}$$

Si l'on veut appliquer cette formule aux gaz, il ne faut pas perdre de vue que le rapport entre la chaleur spécifique c_p à pression constante et la chaleur spécifique c_v à volume constant est une quantité constante

$$\frac{c_p}{c_v} = 1{,}41.$$

Pour échauffer une quantité donnée de gaz sous pression constante, il faudra donc lui céder plus de chaleur que dans le cas du volume constant (cas où la pression augmente).

En général, si deux gaz ou deux fluides

$$P_1\ c_1\ t_1$$

$$P_2\ c_2\ t_2$$

sont mélangés à pression constante, de façon qu'après un temps déterminé, les deux corps possèdent la même température t_m, il est évident que la chaleur cédée par le corps le plus chaud est égale à celle absorbée par le plus froid ; on a donc :

$$P_1\ c_1\ (t_1 - t_m) = P_2\ c_2\ (t_m - t_2),$$

dans l'hypothèse où $t_1 > t_2$. On tire de cette équation :

$$t_m = \frac{P_1\ c_1\ t_1 + P_2\ c_2\ t_2}{P_1\ c_1 + P_2\ c_2},$$

ou, en général :

$$t_m = \frac{\Sigma\ (P.\ c.\ t.)}{\Sigma\ (P.\ c.)}$$

Si la chaleur transmise à un liquide, par exemple à 1 kg. d'eau, est suffisante pour amener une modification dans l'état interne, le thermomètre ne manifeste plus d'accroissement de température : le point d'ébullition est atteint. La somme de calories utilisées a servi à transformer l'eau en vapeur à la température de celle-ci.

Pour transformer 1 kg. d'eau à 100°C, en vapeur de même température, il faut environ 540 cal.

D'autre part si l'on veut vaporiser 1 kg. d'eau prise à 0°C, il faut dépenser

$$540 + 100 = 640 \text{ cal.}$$

La loi exacte de relation, entre la température t et la chaleur totale de la vapeur d'eau, est exprimée par la formule de Regnault :

$$\text{Chaleur totale} = 606{,}5 + 0{,}305\,t.$$

Il en résulte que la *chaleur totale* de 1 kg. de vapeur d'eau à 100°C est égale à :

$$606{,}5 + 0{,}305 \times 100 = 637 \text{ cal.}$$

La *chaleur, latente de vaporisation* s'obtient en retranchant, de la chaleur totale, le nombre représentant la température,

La chaleur de vaporisation de l'eau à 100°C est par conséquent

$$637 - 100 = 537 \text{ cal.}$$

Le changement d'état moléculaire d'une matière se produit toujours à une même température déterminée.

Ainsi, par exemple, l'eau passe de l'état liquide à l'état de vapeur à 100°, tant que la pression est égale à la pression atmosphérique.

Un thermomètre plongé dans l'eau en ébullition n'indique aucune élévation de température ; l'apport de chaleur peut durer jusqu'à vaporisation de la dernière goutte d'eau.

La chaleur passe dans la vapeur et est mise en liberté dans le phénomène de condensation ; c'est-à-dire que la vapeur restitue sa chaleur latente de vaporisation. Celle-ci, à la température de 100°C (point d'ébullition de l'eau à la pression atmosphérique), est égale à 537 cal., comme nous l'avons dit plus haut. En un mot, s'il faut 537 cal. pour faire passer 1 kg. d'eau à 100°C de l'état liquide à l'état de vapeur ; 1 kg. de vapeur, se condensant à la température de 100°C, dégage 537 cal.

Si, donc, on veut dégager, par chauffage à la vapeur, x cal., il faudra condenser un poids de vapeur d'eau égal à $\frac{x}{540}$ kgs.

Pour le mélange d'eau et de vapeur, on utilise la formule :

$$t_m = \frac{\Sigma\,(P.\,c.\,t.)}{\Sigma\,(P.\,c.)}$$

avec la modification suivante.

Le poids du mélange est égal à celui de la vapeur P_v augmenté de celui de l'eau P_e. Donc :

$$P = P_v + P_e.$$

D'autre part, la chaleur contenue dans la vapeur est égale à

$$P_v\ (606{,}5 + 0{,}305\ t) \quad \text{cal.}$$

Il en résulte qu'on a :

$$t_m = \frac{P_v\ (606{,}5 + 0{,}305\ t_e) + P_e .\ t_e}{P_e + P_v}$$

§ 5. — Mesure de la pression. Loi de Mariotte.

On prend pour unité de pression l'atmosphère, c'est-à-dire une pression de 1,033 kg, par centimètre carré de la surface soumise à la pression. Si l'on admet que les tubes du système représenté dans la figure 2, sont remplis de mercure, d'eau et d'air à 0°C, et que la section de chacun de ces tubes est égale à 1m², les hauteurs h_1, h_2, h_3 correspondant à la pression d'une atmosphère seront les suivantes :

1° *Mercure* (poids d'1 m³, = 13.600 kg).

$$\frac{h_1 \times 13.600}{10.000} = 1{,}0333 \text{ ; d'où}$$

$$h_1 = 0^m{,}760.$$

2° *Eau* (poids d'1m³ = 1.000 kg).

$$\frac{h_2 \times 1.000}{10.000} = 1.033 \text{ ; d'où}$$

$$h_2 = 10{,}333 \text{ m.}$$

3° *Air* (poids d'1m³ = 1,294 kg).

$$\frac{h_3 \times 1.293}{10.000} = 1.033 \text{ ; d'où}$$

$$h_3 = 8.000.$$

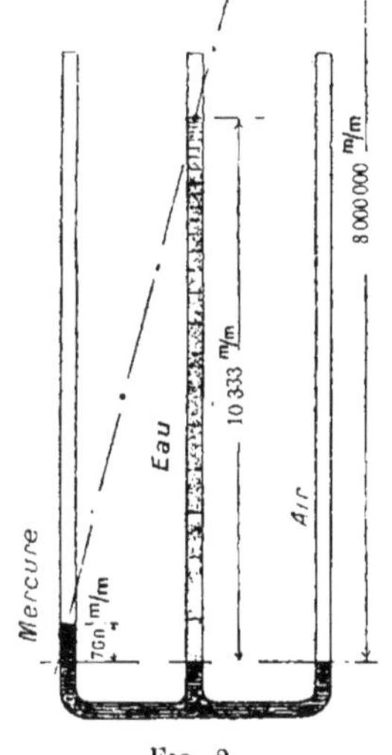

Fig. 2

En pratique, on entend par 1 atm., une pression de 1 kg par centimètre carré ; et, pour faciliter les calculs, on admet comme équivalent une colonne d'eau de 10.000 mm. de hauteur.

Si un volume V_1 de gaz primitivement à la pression p_1, est soumis à une pression p_2, à laquelle il occupe le volume V_2, on a la relation

$$\frac{V_1}{V_2} = \frac{p_2}{p_1}.$$

C'est la loi de Mariotte.

En général, considérons un gaz de poids spécifique γ soumis à une pression de p mm d'eau. D'après ce que nous avons dit, 1 mm d'eau est équivalent à une colonne de $\frac{1}{\gamma}$ mètre de gaz ; et une colonne de p mm d'eau correspond à une colonne de gaz de $\frac{p}{\gamma}$ mètres.

Par exemple, si un conduit vertical, contenant de l'air à 0°C, de poids spécifique 1,293, possède une section transversale de 1m², chaque mètre de hauteur correspond à 1,293 mm. d'eau, qui maintient l'équilibre avec la pression de l'atmosphère. Si au contraire, ce canal, formant cheminée, est rempli de gaz brûlés de poids spécifique 0,7, sur une hauteur de 16 m, la chute de presssion dans la cheminée est

$$p = (1{,}293 - 0{,}7)\ 16 = 9{,}5 \text{ mm d'eau.}$$

D'une manière analogue, dans une installation de chauffage par l'eau chaude, la différence de pression par mètre de hauteur dans le circuit de circulation, est égal à $(\gamma_1 - \gamma_2)$ mm. d'eau de densité 1, en désignant par γ_1 le poids d'1m³ d'eau dans le retour et par γ_2, celui d'1m³ d'eau dans le départ.

Si, pour le calcul de la vitesse de l'eau, on veut déterminer la hauteur hydromotrice en *mètres* d'eau à la température moyenne $\frac{\gamma_1 + \gamma_2}{2}$; on applique la formule de Rietschel

$$\frac{p}{\gamma} = \frac{\gamma_1 - \gamma_2}{\frac{\gamma_1 + \gamma_2}{2}}.$$

§ 6. — Loi de Mariotte et de Gay-Lussac.

Si la température et la pression d'un volume de gaz changent simultanément, il faut appliquer la loi combinée de Mariotte et de Gay-Lussac, qui s'établit comme suit.

Supposons qu'un volume v de gaz, chauffé à la température $t°_1$ C, occupe un volume v_1, sous pression constante p ; on a :

$$v_1 = v\ (1 + \alpha t_1).$$

Si le volume de gaz est réduit au volume V_1, la pression p devenant p_1, on a les relations :

$$\frac{V_1}{v_1} = \frac{p}{p_1};$$

$$V_1 = v\ (1 + \alpha t_1)\ \frac{p}{p_1}$$

De même, on aurait :

$$V_2 = v\ (1 + \alpha t_2)\ \frac{p}{p_2}$$

On en déduit :

$$\frac{V_1}{V_2} = \frac{(1 + \alpha t_1)\ p_2}{(1 + \alpha t_2)\ p_1} = \frac{(273 + t_1)\ p_2}{(273 + t_2)\ p_1} = \frac{T_1}{T_2} \cdot \frac{p_2}{p_1},$$

en désignant par T_1 et T_2 les températures absolues comptées à partir du zéro absolu.

Mais les deux volumes de gaz sont dans le rapport inverse des densités γ_1 et γ_2, et dans le rapport direct des volumes spécifiques μ_1 et μ_2 :

$$\frac{V_1}{V_2} = \frac{T_1}{T_2} \cdot \frac{p_2}{p_1} = \frac{\gamma_2}{\gamma_1} = \frac{\mu_1}{\mu_2}.$$

D'où :

$$\frac{\mu_2 p_2}{T_2} = \frac{\mu_1 p_1}{T_1} = \text{Constante} = R$$

La constante R a une valeur propre pour chaque gaz. Ainsi pour de l'air à O°C (c'est-à-dire la température absolue $T_1 = 273°C$), sous la pression d'1 atm. (10.333 kg. par m²), et de volume spécifique

$$\mu = \frac{1}{\gamma} = \frac{1}{1,293} = 0,773,$$

on a :

$$R = \frac{0,773 \times 10.333}{273} = 29,3.$$

A l'aide de cette constante R, il est facile de déterminer le poids spécifique d'un volume de gaz dans différentes conditions de pression et de températures. On a, en effet :

$$R.T = \mu.p\,;$$

d'où

$$\gamma = \frac{p}{R.T}\ \mathrm{kg/m^3},$$

la pression p étant exprimée en kg. par m².

Cette équation s'applique aussi avec une approximation suffisante aux vapeurs surchauffées. En général, on peut dire que la propriété expansive des gaz est illimitée. La propriété de compression est au contraire limitée au point de liquéfaction, qui correspond au moment où le gaz passe à l'état liquide. L'augmentation progressive de température qui accompagne le phénomène de compression, ne peut pas porter le gaz à la température critique, température au-dessus de laquelle, il n'existe aucune pression capable de produire la liquéfaction. Ainsi, par exemple, l'air atmosphérique devient liquide sous une pression de 39 atmosphères et à la température de — 140°C ou bien, sans augmentation de pression, à — 190°C.

Les gaz qui se trouvent dans le voisinage du point de liquéfaction portent le nom de *vapeurs*, par opposition aux *gaz permanents*, dont l'état moléculaire ne se modifie pas malgré un changement de tension et de température.

La constante R possède encore une signification particulière.

Supposons qu'on échauffe un gaz de $(T_2 - T_1)$ °C, de façon que son volume spécifique croisse de μ_1 à μ_2, la pression restant constante ; on a :

$$\frac{\mu_1 p_1}{T_1} = \frac{\mu_2 p_2}{T_2} = R\,;$$

d'où, en faisant $p_1 = p_2 = p$:

$$p\,(\mu_2 - \mu_1) = R\,(T_2 - T_1).$$

Le premier membre de l'équation, étant le produit de la pression par l'augmentation de volume spécifique, représente le travail externe développé par 1 kg. de gaz à pression constante. En faisant $T_2 - T_1 = 1°$, on obtient le travail externe produit par 1 kg. du gaz, quand il s'échauffe d'1°C, sous une pression constante de p kg. par m^2.

Si l'on a un mélange du gaz avec les constantes correspondantes P et R, l'équation du mélange de gaz sera, en désignant par R_m sa constante :

$$\Sigma\,(P.\,R) = (\Sigma.\ P)\,R_m.$$

C'est la loi de Dalton. Cette formule peut servir à déterminer le poids spécifique de l'air humide, parce qu'on peut le considérer comme un mélange d'air et de vapeur d'eau surchauffée.

Exemple. — Combien pèse 1m³ d'air humide à 61°C, à 80 % de saturation, et sous la pression barométrique de 760 mm ?

D'après les tables de Rietschel, 1 kg. d'air, à 60°C, à 80 % de saturation contient $0,8 \times 0,1278 = 0,1$ kg. d'eau à la pression barométrique normale.

La constante R est :

Pour la vapeur d'eau 46,95
Pour l'air. 29,27

Il en résulte que :

$$R_m = \frac{10 \times 46,95 + 90 \times 29,27}{100} = 31.03$$

D'autre part, on a :

$$T = 273 + 61$$
$$p = 13,59 \times 750$$

le poids spécifique du mercure étant 13,59.

en en déduit :

$$\gamma = \frac{p}{R.T} = \frac{750 \times 13.59}{31,03\ (273 + 61)} = 0,98 \text{ kg/m}^3$$

Zeuner a établi pour les vapeurs surchauffées une équation analogue à celle des gaz, en leur attribuant une chaleur spécifique de 0,48 d'après les recherches de Regnault.

Pour la vapeur d'eau saturée, les formules précédentes ne sont plus applicables ; car, dans ce cas, la pression est uniquement fonction de la température et non du volume spécifique.

Jusque maintenant, on n'a encore pu établir une équation générale donnant une relation entre la pression, le volume et la température pour les vapeurs surchauffées.

En général on peut considérer les gaz comme des vapeurs fortement surchauffées, parce que leur liquéfaction est possible en augmentant la pression et en diminuant la température. Ainsi la vapeur d'eau surchauffée doit être envisagée comme un gaz, tandis que la vapeur d'eau saturée doit être considérée comme appartenant à la catégorie des vapeurs.

La séparation des gaz et des vapeurs est essentielle en vertu de leurs propretés physiques différentes : les premiers seuls obéissent avec grande exactitude à la loi de Mariotte et de Gay-Lussac.

Pour le calcul des tuyauteries dans le chauffage par la vapeur à basse pression, on peut cependant appliquer la loi de Mariotte et de Gay-Lussac, parce que la presssion et la températures varient dans de faibles limites. Mais il est loin d'en être de même pour le chauffage par la vapeur à haute pression.

Dans le cas de vapeurs à haute tension, les fonctions sont de formes très variées ; aussi ne peut-il en être question dans cet ouvrage élémentaire (Voir *Leitfaden* de Rietschel, chapitre du chauffage par la vapeur).

§ 7. — Applications des principes précédents.

Application 1. — *Au moyen d'une installation de réfrigération, un volume de 1673 litres d'eau salée, de poids spécifique 1,17, doit être refroidi en 40 minutes de — 2°,3 C à — 5°,2 C. Les masses métalliques de l'installation, refroidies en même temps, comprennent :*

695 kg *de fer*	(*chaleur spécifique*	= 0,1124)
101 kg *de cuivre*	(»	= 0,0933)
6 kg *de bois*	(»	= 0,65).

Quelle est la quantité de chaleur enlevée en une heure, si la chaleur spécifique de l'eau salée est 0,81 ?

Le refroidissement d'1°C des matières métalliques et autres, ainsi que de l'eau salée enlève les quantités de chaleur suivantes :

Fer	695 × 0,1124	=	78,12 cal.
Cuivre	101 × 0,0933	=	9,42 »
Bois	6 × 0,65	=	3,90 »
Eau salée	1673 × 1,17 × 0,81	=	1590,00 »
		Total	1681,44 cal.

La quantité de chaleur cherchée est donc

$$\frac{60}{40} \times 1681,44\ (5,2 - 2,3) = 7350 \text{ cal.}$$

Application 2. — *D'après les clauses de garantie, la machine réfrigérante devrait enlever 6.000 cal. pour une dépense d'énergie de 4 HP environ. Le moteur électrique qui l'actionne possède un rendement de 0,80. Pour enlever les 7.350 cal. calculées dans l'application 1, la consommation de courant a été de 20,6 ampères sous une tension de 220 volts. La puissance absorbée est donc :*

$$\frac{20,6 \times 220 \times 0,80}{736} = 5 \text{ HP.}$$

La clause de garantie est-elle remplie ?

D'après la consommation, l'énergie correspondant aux 6.000 cal. de la clause serait :

$$\frac{5 \times 6.000}{7.350} = 4,08 \text{ HP.}$$

Il en résulte que la puissance stipulée par le contrat est atteinte approximativement.

Application 3. — *Une installation de préparation d'eau chaude doit fournir l'eau pour bains destiné à 60 personnes ; on admet que la durée des bains est de 3 h. environ. Chaque baignoire doit contenir 250 litres à 35° C.*

La température de l'eau d'alimentation est de + 5° C.

On demande les dimensions que doit avoir le boiler, si son contenu doit être chauffé à 60°C en une heure.

Nécessairement la production horaire de chaleur dans la chaudière doit être égale à la consommation de chaleur pour chauffer le contenu du boiler. Celle-ci atteint $x \times 55$, si x désigne la contenance du boiler en litres (en admettant que 1 litre d'eau pèse 1 kilo).

La quantité de chaleur nécessaire pour la préparation de l'eau pour bains, est *par heure*

$$\frac{60 \times 250\ (35 - 5)}{3} = 150.000 \text{ cal} ;$$

en observant que 60×250 représente le volume d'eau à 35° consommé en 3 heures.

Mais, l'eau du boiler étant chauffée entièrement avant le commencement de la période de bains, constitue une réserve de $55 \times x$ cal., que l'on peut répartir entre les 3 heures de bain, à raison de $\frac{55 \times x}{3}$. De sorte que les calories à produire par le boiler, *pendant chaque heure de bain* est de

$$150.000 - \frac{55\,x}{3} = 150.000 - 18\,x$$

D'où l'égalité

$$150.000 - 18\,x = 55\,x,$$

qui donne $x = 2055$ litres.

Application 4. — *Quelle est, dans l'installation de bains de l'application 4, la quantité d'eau froide à fournir.*

Pour obtenir l'eau des bains à 35°C, il faut mélanger de l'eau à 60°C avec de l'eau à 5°C. La chaleur cédée par la première est égale à celle absorbée par la seconde.

Désignons la quantité d'eau froide par x, et celle d'eau chaude par y. Nous aurons :

$$x\ (35 - 5) = y\ (60 - 35).$$

$$x + y = 250 \times 60 = 15.000$$

On en tire :

$$x = \frac{5}{6}\,y.$$

$$\frac{11}{6}\,y = 15.000.$$

$y =$ 8.185 l. (eau chaude).
$x =$ 6.815 l. (eau froide).
15.000 l. (mélange).

Il en résulte que la conduite principale doit débiter par heure

$$\frac{8.185}{3} = 2.728 \text{ litres.}$$

et la conduite principale d'eau froide

$$\frac{6815}{3} = 2272 \text{ litres.}$$

Application 5. — *L'échauffement de l'eau du boiler (exemple 3) est produit par un serpentin à vapeur à basse pression. Quelle doit être la dimension de ce serpentin ?*

Le serpentin à vapeur doit fournir par heure

$$2055 \times 55 = 113025 \text{ cal.}$$

Comme, d'après le Chapitre II, § 2, un m² de serpentin à vapeur à basse pression émet 25.000 cal., le serpentin devra mesurer

$$\frac{113025}{25000} = 4,5 \text{ m}^2.$$

Application 6. — *On introduit par heure dans le tube moteur d'une installation de chauffage par l'eau chaude à basse pression à circulation accélérée (système Reck), 1 kg. de vapeur à la pression de 0,2 atm.*

Le volume d'eau en circulation est égal à 1 m³.

On demande le poids spécifique du mélange d'eau et de vapeur, en faisant abstraction des pertes par condensation.

Si l'on observe qu'1 kg. de vapeur à la pression donnée, occupe un volume d'1,51 m³, le volume du mélange d'eau et de vapeur sera :

$$1 + 1,51 = 2,51 \text{ m}^3.$$

Le poids de ce mélange est de

$$1000 + 1 = 1001 \text{ kg.}$$

Le poids spécifique cherché sera donc :

$$\frac{1001}{2,52 \times 1000} = 0,4$$

Application 7. — *Le contenu d'une cuve à lessiver, remplie d'eau à 5 °C, doit être porté à l'ébullition en une demi-heure. Combien doit-on y injecter de vapeur, si la contenance de la cuve est de 50 litres, et la pression de la vapeur d'1 atmosphère (au manomètre) ?*

La quantité horaire de chaleur se calcule comme suit :

$$50\ (100 - 50)\ \frac{60}{30} = 5000 \text{ cal/h.}$$

Comme la chaleur latente de vaporisation de la vapeur à 1 atmosphère (2 atmosphères en pression absolue) est de 522,6 cal., la quantité de vapeur à consommer est

$$\frac{5000}{522,6 + (120 - 50)} = 9 \text{ kg.}$$

On admet, dans ce qui précède, que l'eau de condensation résultant de l'émission de chaleur par la vapeur, se refroidit à la température de l'eau de lessive, c'est-à-dire de 120° à 50°C.

Application 8. — *L'installation hydro-pneumatique, appelée « Hydrophor », est basée sur le principe suivant : l'eau est envoyée par une pompe dans une cloche à air, d'où elle s'écoule vers les postes d'eau sous l'action de l'air comprimé. Une instal-*

lation de l'espèce doit desservir des postes à une hauteur de 15 mètres. Le débit d'eau doit atteindre 1^{m3} à l'heure ; la pression ne peut dépasser 1,5 atm., de façon que la cloche à air se vide le plus possible.

On demande quelle contenance doit avoir la cloche à air, si son volume utile est égal à 1^{m3}, et si l'eau doit s'écouler à l'origine à la pression de 0,5 atm.

Désignons par x le volume de l'air comprimé dans la cloche ; la contenance de celle-ci sera donc $(1 + x)$.

Ce volume d'air correspond à la pression de 1,5 atm. pour une hauteur de 15 mètres ; cette pression est portée à 2 atm. lors du remplissage de la cloche.

Par conséquent, en vertu de la loi de Mariotte, on a :

$$\frac{x}{x+1} = \frac{1,5}{2} = \frac{3}{4} ;$$

d'où :

$$x = 3^{m3}.$$

En d'autres termes, le volume total de la cloche sera de $3 + 1 = 4^{m3}$.

§ 8. — Lois du mouvement des liquides, des gaz et des vapeurs dans les gaines et dans les tuyaux.

On entend par vitesse d'un corps en mouvement, le chemin qu'il parcourt par seconde, mesuré en mètres. Suivant que cet élément est constant ou variable, le mouvement est dit uniforme ou uniformément accéléré. Dans la figure 3, la goutte d'eau quittant le niveau supérieur dans le réservoir possède une vitesse initiale égale à 0 ; sa vitesse finale est $v = gt$, en désignant par $g = 9^m,81$ l'accélération de la pesanteur, et par t le temps de chute. Désignons par H le chemin vertical parcouru.

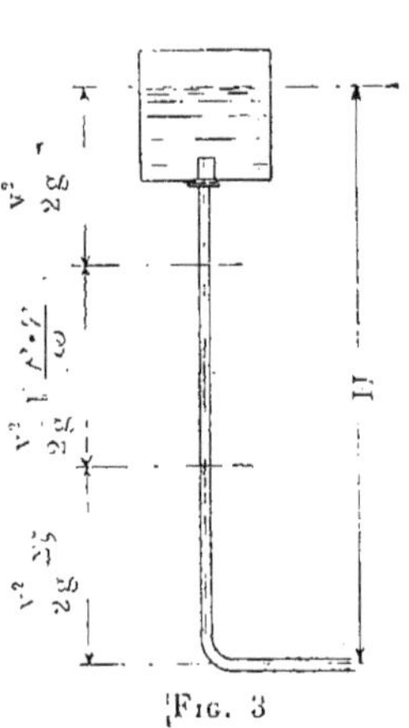

Fig. 3

La goutte d'eau, après avoir pris la direction horizontale, parcourt un chemin s avec la vitesse v, en supposant que les résistances de frottement et de mouvement, ainsi que celles dues aux changements de direction n'interviennent pas.

D'après ce que nous avons dit plus haut, on a :

$$s = v \cdot t ;$$

et

$$H = \frac{0 + v \cdot t}{2} = \frac{v \cdot t}{2}.$$

En remplaçant t par $\frac{v}{g}$, on obtient :

$$H = \frac{v}{2} \cdot \frac{v}{g} = \frac{v^2}{2g},$$

ou

$$v = \sqrt{2gH}.$$

La quantité d'eau débitée par un tuyau de section S, en m³ par seconde est égale au volume d'un prisme d'eau ayant comme base la section S, et comme hauteur v, donc à :

$$S \cdot v$$

Cette quantité doit être multipliée : par $60 \times 60 = 3600$ pour obtenir le débit horaire :

$$Q = 3600\ S \cdot v.$$

Les gaz obéissent aux mêmes lois de mouvement que celles de l'eau, dans leur écoulement dans des canalisations ou des tuyauteries, si l'on considère, ce qui est admissible en pratique, leur volume spécifique comme constant.

Il suffit donc, dans le calcul pratique des vitesses, de déterminer convenablement les hauteurs motrices. Si l'on exprime celles-ci en *mètres* de colonne de gaz ayant le poids spécifique du gaz qui s'écoule, on peut pratiquement, avec une approximation suffisante, se baser, pour le calcul, sur le schéma du réservoir avec tuyauterie utilisé pour établir la formule de la vitesse de l'eau.

Si l'on veut mesurer le débit en gaz d'une canalisation de section S, sous l'action d'une pression représentée par une colonne H de gaz, il faut déterminer la vitesse d'écoulement. On se sert pour cela d'un manomètre à eau (voir Chap. *Instruments de mesure*) dont la colonne de p mm. représente l'excès de la pression de la colonne de gaz H sur la pression atmosphérique.

On a : (voir Chap. II, § 5), $H = \frac{p}{\gamma}$

et par conséquent :

$$v = \sqrt{2gH} = \sqrt{\frac{2g.p}{\gamma}}$$

La quantité de gaz qui s'écoule par heure est.

$$3600\ S \sqrt{\frac{2g.p}{\gamma}}\ m^3.$$

Résistances de frottement et de mouvement.

Quand l'eau, un gaz, ou la vapeur circule dans une canalisation, les particules du fluide adhèrent et frottent le long des parois ; mais en outre il se produit un frottement mutuel entre les particules internes. Il en résulte des résistances au mouvement du milieu qui s'écoule ; ces résistances doivent être compensées par une augmentation de la pression motrice.

$$\frac{v^2}{2g} = H.$$

La grandeur de la résistance de frottement dépend de la nature du fluide et encore plus de la nature des parois de la canalisation. Plus grande est la surface de contact entre les particules du fluide et les parois, en périphérie et en longueur, plus importante sera la résistance de frottement.

Par contre, ces résistances de frottement deviendront d'autant plus petites qu'il y aura relativement moins de particules fluides en contact avec les parois de la canalisation, c'est-à-dire que la section du tuyau ou de la gaine sera plus grande, l'axe de la conduite étant ainsi plus éloigné des parois.

Adoptons les notations suivantes :

φ = périphérie de la section de la canalisation.
ω = section de la canalisation.
l = longueur de la canalisation sur laquelle la vitesse d'écoulement est v.
ρ = coefficient de frottement.

L'accroissement R de pression motrice à prévoir pour compenser les pertes dues au frottement sera :

$$R = \rho \cdot \frac{v^2}{2g} \cdot l \cdot \frac{\varphi}{\omega}.$$

Pour une section circulaire de diamètre d, on a :

$$\varphi = \pi d$$
$$\omega = \frac{\pi d^2}{4}.$$

La formule devient donc

$$R = \frac{\rho \cdot v^2}{2g} \cdot \frac{4l}{d}.$$

Le coefficient de frottement, pour l'eau, diminue quand la vitesse augmente, et peut être mis sous la forme suivante :

a) *Eau chaude.* 1° $v < 1$ m/sec.

$$\rho = 0{,}01439 + \frac{0{,}0094711}{\sqrt{v}}$$ (coefficient de Weisbach).

2° $v > 1$ m/sec.

$$\rho = 0{,}03$$ (coefficient de Dupuit).

ou $$\rho = 0{,}002 + \frac{0{,}0018}{\sqrt{vd}}$$ (coefficient de Lang).

b) *Gaz* (air)

$$\rho = 0{,}0065 + \frac{0{,}0604}{\varphi - 40}$$ (coefficient de Rietschel).

φ étant exprimé en centimètres.

c) *Vapeurs* (saturées ou surchauffées).

$\rho = 0{,}03$ d'après Fischer.
$\rho = 0{,}024$ d'après Eberle.

Les résistances de frottement provoquées par les changements de direction peuvent, avec une approximation suffisante pour la pratique, dans le cas de l'eau, des gaz et des vapeurs, être évaluées comme suit :

1. Changement de direction à angle droit. $\frac{v^2}{2g}$.
2. Changement de direction en courbe $0{,}5\,\frac{v^2}{2g}$.
3. Robinets, clapets d'air, surfaces chauffantes $\frac{v^2}{2g}$.

D'après des essais récents d'Eberle, la résistance d'une vanne à vapeur est équivalente à celle d'une longueur de 16 m. de tuyau de même diamètre que celui de la vanne.

L'emploi des formules précédentes sera expliqué plus loin par des exemples pratiques, lorsque nous traiterons des différents systèmes de chauffage.

§ 9. — Applications.

Application 9. — *Un système de chauffage par l'eau chaude à circulation accélérée obtient la hauteur hydromotrice nécessaire au moyen de deux réservoirs placés l'un au-dessus de l'autre, et communiquant par l'intermédiaire du réseau de canalisation.*

La distance verticale entre les niveaux de l'eau dans les deux réservoirs, représente en mètres la hauteur motrice H nécessaire pour faire circuler l'eau à la vitesse v et pour surmonter les diverses résistances. L'élévation de l'eau du réservoir inférieur dans le réservoir supérieur se fait par un tuyau partant du fond du premier et débouchant au-dessus du niveau de l'eau dans le second (fig. 4); elle est obtenue en mélangeant de la vapeur à l'eau, dans le tuyau vertical de communication.

Les conditions sont les mêmes que dans l'application 6 : la hauteur du tuyau-moteur est de 1m,50.

La hauteur d'eau dans le réservoir inférieur est de 1 mètre.

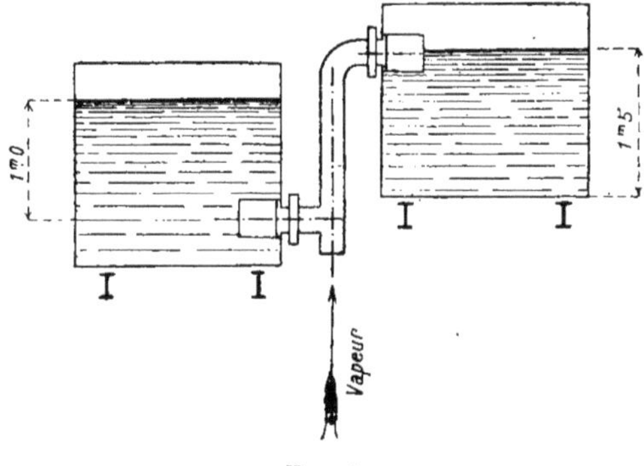

Fig. 4

Comme les hauteurs de deux tuyaux communiquant, remplis de fluides de poids spécifiques différents, sont entre elles en raison inverse de ceux-ci, et comme le poids spécifique de mélange d'eau et de vapeur d'eau est égal à 0.4 (voir application 6), il en résulte qu'une colonne de mélange d'eau et de vapeur de 1m,50 de hauteur correspond à une colonne d'eau de

$$\frac{1{,}5 \times 0{,}4}{1} = 0^{m}{,}6,$$

si l'on admet, pour simplifier, que le poids spécifique de l'eau est égal à 1.

La pression hydrostatique de 1 m. dans le réservoir inférieur, envoie donc l'eau dans le réservoir supérieur, par le tuyau-moteur, sous un excès de pression de $1 - 0{,}6 = 0^{m}{,}4$.

On demande quel doit être le diamètre du tuyau-moteur, si l'installation de chauffage doit produire 75.000 cal./heure pour un refroidissement de 20°C dans les surfaces chauffantes, et en admettant que 30 °/₀ seulement de la vitesse théorique peut être utilisée.

Le volume d'eau à faire circuler par heure est :

$$\frac{75.000}{1.000 \times 20} = 3,75 \text{ m}^3.$$

$$v = 0,3 \sqrt{2g \times 0,4} = 0,75 \text{ m/sec}.$$

Le débit horaire est donc :

$$\frac{\pi d^2}{4} \times v \times 3600 = \frac{\pi d^2}{4} \times 0,75 \times 3600.$$

D'autre part, ce débit a été calculé plus haut : 3,75 m³.

$$\frac{\pi d^2}{4} \times 0,75 \times 3.600 = 3,75$$

$$\frac{\pi d^2}{4} = 14 \text{ cm}^2.$$

On choisira : $d = 50$ mm.

Application 10. — *Quelle doit être le diamètre de la conduite amenant la vapeur, dans les conditions de l'application 7, si la vitesse de la vapeur dans la conduite atteint 25 m/sec, et si l'on ne tient pas compte des pertes par condensation ?*

Comme 1 kg de la vapeur utilisée occupe un volume de 0,885 m³, la section de la conduite sera :

$$\frac{\pi d^2}{4} = \frac{9 \times 0,885 \times 10.000}{25 \times 3.600} = 0,9 \text{ cm}^2.$$

On choisira un tuyau ayant un diamètre intérieur de 13 mm.

Application 11. — *Lors du fonctionnement de la machine à laver de l'application 7, on constate que, pour obtenir le rendement voulu, on doit, par le fait qu'on a adopté un tuyau plus grand que ne l'indiquait le calcul, régler le robinet de vapeur en conséquence. On demande quelle devra être la levée du pointeau du robinet ?*

La section transversale de passage du robinet de 13 mm est de 1,33 cm². Mais d'après le calcul fait précédemment, il ne faut que 0,9 cm².

La section de passage entre le pointeau et le siège, est un cylindre de hauteur h et de diamètre d, dont la surface est donnée par la formule $\pi.\ d.\ h$, laquelle doit être égale à 0,9 cm².

Donc $$h = \frac{0,9}{1,3 \times 3,14} = 2,14 \text{ mm}.$$

Application 12. — *Quelle doit être la levée du pointeau du robinet de vapeur dont il vient d'être question si la pression de la vapeur, en amont du robinet, monte de 1 à 1,6 atm ?*

On néglige les pertes dues au frottement et à la contraction.

A une pression d'1 atm. correspond une colonne de vapeur d'une hauteur

de $$\frac{p}{\gamma} = \frac{10.000}{1,13} = 8800 \text{ m}.$$

Pour 1,6 atm, on obtient par analogie.

$$\frac{16.000}{1,44} = 11.100 \text{ m}.$$

En observant que, d'après l'application 9, on utilise une section de 0,9 cm², on a :

$$\frac{\omega_x}{0,9} = \frac{v}{v_x} = \sqrt{\frac{8800}{11.100}} = 0,88.$$

$$\omega_x = 0,9 \times 0,88 = 0,792 \text{ cm}^2.$$

La levée du pointeau de la soupape est donc :

$$h = \frac{0,792 \times 10}{1,3 \times 3,34} = 1,95 \text{ mm}.$$

§ 10. — Récapitulation.

Pour calculer les tuyauteries et les conduits dans les installations de chauffage que nous étudierons dans la suite, on utilisera les deux formules suivantes :

$$3.600\ \omega.\ v. = \text{Débit en m}^3 \text{ par heure.}$$

$$\frac{v^2}{2g}\left(1 + \frac{l.\ \rho'.\ \varphi}{\omega} + \Sigma.\ \xi\right) = \frac{p'}{\gamma}\ .\ \text{H (Chapitre II, § 8).}$$

p' étant la pression en *mm.* pour l'eau (de densité 1).

$\frac{p'}{\gamma} = \text{H}$ mètres de colonne d'eau à 4°C (fig. 3).

Quand on applique ces formules à un fluide parcourant un circuit fermé, le facteur 1 entre parenthèses disparaît.

Pour des canalisations à section circulaire de diamètre d (tuyaux), le facteur relatif au frottement devient :

$$\frac{l.\ \rho'.\ \varphi}{\omega} = \frac{l.\ \rho'.\ \pi d}{\frac{\pi d^2}{4}} = \frac{l.\ \rho'.\ 4}{d} = \frac{l.\ \rho}{d},$$

en posant : $\rho = 4\ \rho'$.

Ces formules sont modifiées suivant les différents systèmes de chauffage auxquels on les applique ; cependant on peut toujours y reconnaître facilement qu'elles dérivent des formules générales données plus haut.

Comme unité technique de chaleur, on adopte en général la chaleur nécessaire pour augmenter de 1°C la température d'1 kg. d'eau. Toutes les températures sont données en degrés Celsius (centigrades).

Pour la transmission de la chaleur, on applique la formule

$$\text{S. } k.\ \Delta \text{ en cal./heure.}$$

Pour l'émission de température :

$$\text{P. } c.\ \Delta \text{ en cal.}$$

P étant le poids en kilos.

Le poids spécifique γ (par rapport à l'eau à la température de 4°C) est, pour les liquides, le poids d'un *décimètre cube*, et pour les gaz et vapeurs le poids d'un *mètre cube*.

L'équation d'un gaz est :

$$\frac{\mu . p}{T} = R.$$

(Voir également la loi de Mariotte et de Gay-Lussac).

La chaleur latente de vaporisation est donnée en calories par kilo du liquide.

Si l'on désigne par Σ (P. c. t) les quantités de chaleur contenues dans une série de gaz ou de liquides, la température de leur mélange est donnée par

$$t_m = \frac{\Sigma\,(P.\,c.\,t.)}{\Sigma\,(P.\,c.)}.$$

§ 11. — Calcul de la section des tuyaux de trop-plein des réservoirs.

Le tuyau de trop-plein d'un réservoir à flotteur fonctionne correctement quand le volume d'eau superflue sortant du robinet à flotteur est égale à celui qui s'écoule par le tuyau de trop-plein, en supposant naturellement que sa section soit complètement libre.

Considérons le cas le plus défavorable où, par suite du calage du robinet à flotteur, l'eau coule continuellement dans le réservoir sous une pression constante de p atmosphères, à une vitesse v, par le tuyau d'arrivée de diamètre d (en mètres).

Le volume débité par heure est

$$3600\,\frac{\pi d^2}{4} \times v = Q \quad \text{en m}^3.$$

La vitesse de l'eau se calcule par la formule

$$\frac{v^2}{2g}\,(1 + \Sigma\,\xi) = p \times 10,$$

dans laquelle $g = 9{,}81$ m, et $\Sigma\,\xi$ représente les résistances dues à la contraction de la veine liquide.

Comme les coefficients de résistance dans ce calcul n'ont qu'une importance limitée, admettons, pour nous placer dans des conditions défavorables, que l'afflux d'eau se fait sans résistance, donc est plus important qu'en réalité.

La vitesse v se calcule alors par la formule :

$$v = \sqrt{2\,g \times p \times 10} = 14\sqrt{p} \text{ mètres en chiffres ronds.}$$

$$Q = \frac{\pi d^2}{4}.\ 14\sqrt{p} \times 3.600 = 36.000\,d^2\sqrt{p} \text{ mètres cubes en chiffres ronds.}$$

Ce volume d'eau doit s'écouler par le tuyau de trop-plein de diamètre D ; soit V sa vitesse de sortie.

La section du tuyau de trop-plein sera :

$$\frac{\pi D^2}{4} = \frac{36.000\,d^2\sqrt{p}}{V \times 3.600} = \frac{10\,d^2\sqrt{p}}{V} \text{ en m}^2.$$

Admettons que le niveau normal de l'eau doit se maintenir à 10 cm., et le niveau maximum à 5 cm de la partie inférieure du tuyau raccordé au robinet à flotteur. L'eau en excès s'écoule sous une pression de $0,10 - 0,05 = 0,05$ m. dans l'embouchure du tuyau de trop-plein.

En prenant $\Sigma\xi = 3$, la vitesse de l'eau est :

$$V = \sqrt{\frac{2g \times 0,05}{1+3}} = 0^m,5 \text{ en chiffres ronds.}$$

La section du tuyau de trop-plein est donc :

$$\frac{\pi D^2}{4} = \frac{10 \cdot d^2 \sqrt{p}}{0,5} = 20\, d^2 \sqrt{p} \text{ en m}^2$$
$$= 200.000\, d^2 \sqrt{p} \text{ en cm}^2.$$

Le rapport entre le diamètre du tuyau de trop-plein et celui du tuyau d'arrivée de l'eau est donc

$$\frac{D}{d} = \frac{\sqrt{10 + 4\sqrt{p}}}{0,5 \times \pi} = 5\sqrt[4]{p}$$

en chiffres ronds.

L'application de cette formule fournit la table suivante, dans laquelle D, D_1, D_2 ont la signification indiquée dans les figures 5 *a*, 5 *b*, 5 *c*.

p atm.	$\frac{\pi D^2}{4}$ cm² pour $d =$ (en mm.)					$\frac{D}{d} = 5\sqrt[4]{p}$		
	20	25	30	40	50	$\frac{D}{d}$	$\frac{D_1}{d}$	$\frac{D_2}{d}$
0,5	57	88	127	227	353	4,25	2,125	1,7
1	78	123	177	314	491	5	2,5	2
1,5	98	154	222	394	616	5,6	2,8	2,25
2	113	177	254	452	707	6	3	2,4
2,5	125	195	280	499	779	6,3	3,15	2,5
3	139	216	315	560	866	6,65	3,325	2,65
I	II	III	IV	V	VI	VII	VIII	IX

Les sections de tuyau de trop-plein ainsi calculées paraissent, au premier abord, non utilisables dans la pratique à cause de leur grandeur. La plupart du temps, on a l'habitude de faire descendre verticalement le tuyau de trop-plein, en lui donnant partout un diamètre constant.

Mais ce dispositif n'est pratique que pour les tuyaux de petit diamètre. Pour les tuyaux de grande section, il est recommandable de diminuer le diamètre dans les parties supérieures en se basant sur les plus grandes vitesses de l'eau.

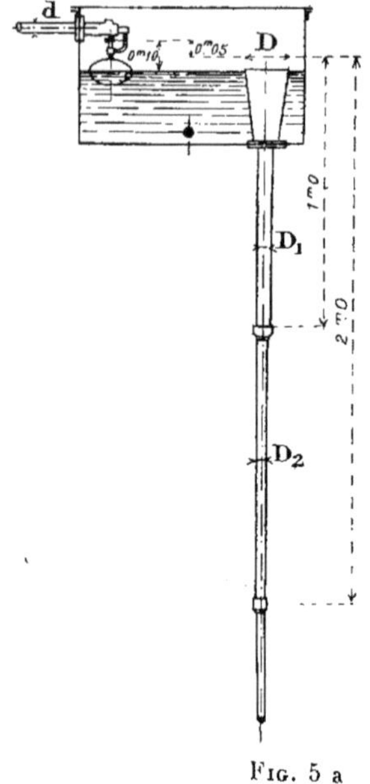

FIG. 5 a

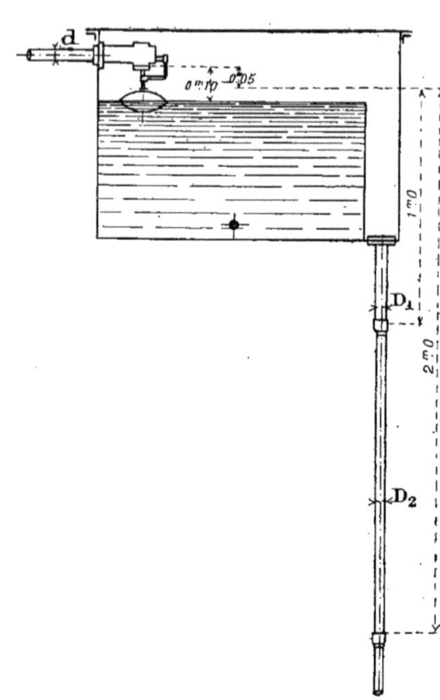

FIG. 5 b

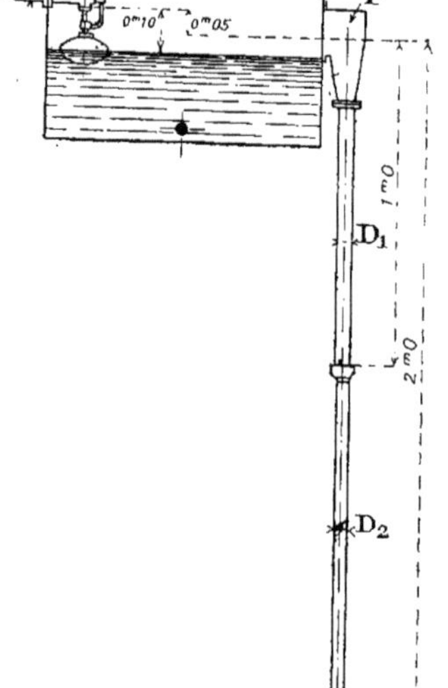

FIG. 5 c

Des dispositifs de ce genre sont représentés dans les figures 5 *a*, 5 *b*, 5 *c*, qui montrent également comment on raccorde le tuyau de trop-plein à la paroi du réservoir.

Les diamètres dans la section de sortie, ou bien à 1 ou 2 mètres au-dessus, se calculent facilement au moyen des chiffres des colonnes VIII et IX de la table précédente.

La section de passage de la boîte de trop-plein, dans le cas des fig. 5 *b* et 5 *c*, se calcule au moyen des colonnes II à VI de la même table. Strictement le profil en long du tuyau de trop-plein est parabolique, mais il suffit de le constituer au moyen de tronçons de diamètre décroissant.

D'après tout ce qui précède, il est clair que, pour éviter de devoir adopter de trop grands diamètres, il faut descendre verticalement le tuyau de trop-plein en sortant du réservoir.

Pour qu'un tuyau de trop-plein remplisse son but, il *faut* que son embouchure soit au-dessous du débouché du tuyau d'arrivée de l'eau.

Nous donnerons l'exemple suivant pour montrer l'emploi de la table.

Le diamètre du robinet à flotteur est de 25 mm. La pression de l'eau, en amont du flotteur, pendant l'écoulement est de 1 atm.

On aura alors : (Fig. 5 *a*).

$$D = 125 \text{ mm.}$$
$$D_1 = 65 \text{ mm.}$$
$$D_2 = 50 \text{ mm.}$$

La section d'embouchure de la boîte de trop-plein, dans la fig. 5 *b*, mesure 123 cm^2, soit 25 cm. de largeur sur 5 cm. de hauteur.

Toutes les considérations précédentes peuvent s'appliquer aux vases d'expansion dans le chauffage par l'eau chaude, en observant que l'eau entrant dans la chaudière par le robinet d'alimentation, débouche dans le vase d'expansion sous une pression égale à la pression au robinet diminuée de la hauteur hydrostatique du système.

Le débordement du vase d'expansion est empêché quand les conditions de la table, correspondant à la pression d'eau calculée, sont satisfaites.

Ainsi, si l'eau d'alimentation est à une pression de 3 atm. à l'entrée dans la chaudière, et que la pression hydrostatique dans le système de chauffage est de 2 atm., le tuyau de trop-plein doit être calculé pour une pression d'1 atm.

CHAPITRE III

INSTALLATIONS DE CHAUFFAGE CENTRAL

§. 1er. — Chauffage par l'air chaud.

Ainsi que l'indique son nom, ce système repose sur le principe de l'émission de chaleur par de l'air introduit chaud dans les locaux et se refroidissant à la température de ceux-ci.

Si l'on introduit, dans un local à la température t_i, un poids x kgs d'air à la température t_a, la chaleur émise est égale à

$$Q = 0{,}237 \, . \, x \left(t_a - t_i\right) \, . \, \text{cal.}$$

Si, au contraire cette chaleur est fixée à l'avance, il faut introduire un poids d'air

$$x = \frac{Q}{0{,}237 \left(t_a - t_i\right)} \text{ kgs.}$$

Comme un poids d'air de 1,293 kg occupe un volume d'1 m³ à 0°C, et que celui-ci, échauffé à la température t_a, occupe un volume $\left(1 + \alpha\, t_a\right)$, les x kgs d'air correspondent à un volume

$$V = \frac{Q \left(1 + \alpha\, t_a\right)}{0{,}237 \times 1{,}293 \left(t_a - t_i\right)}$$

$$= \frac{Q \left(1 + \alpha\, t_a\right)}{0{,}31 \left(t_a - t_i\right)} \text{ m}^3,$$

à la température t_a ;

En observant que l'on a :

$$\frac{\left(1 + \alpha\, t_a\right)}{1{,}293} = \frac{1}{\gamma},$$

ce volume peut s'exprimer encore sous la forme :

$$V = \frac{Q}{0{,}237 \left(t_a - t_i\right) \gamma} \text{ m}^3.$$

Le mouvement de l'air a lieu sous l'action de ventilateurs, ou bien par ascension naturelle.

Si nous désignons par γ_1 la densité de l'air froid, et par γ_2 celle de l'air chaud, de sorte que $\gamma_1 > \gamma_2$, la chute de pression est, en mm d'eau :

$$\gamma_1 - \gamma_2 = p' \ . \ H = 0{,}165 \ H = \text{mm d'eau} \ (\gamma = 1)$$

$= 150$ H mm. de colonne d'air, pour de l'air aux températures de 0°C et de 40°C.

Cette chute de pression est égale, comme nous l'avons dit précédemment, à

$$\frac{v^2}{2g}\left(1 + \frac{l.\rho.\varphi}{\omega} + \Sigma\xi\right) = \frac{p'.\,H}{\gamma_2}.$$

Dans cette équation, v et ρ sont variables.

La section de la gaine d'air se calcule par la formule :

$$S = \frac{V}{3.600\, v} \ . \quad m^2.$$

On distingue, dans le chauffage par l'air chaud, deux variétés : le chauffage à circulation continue et le chauffage à prise d'air frais.

Les exemples que nous traiterons plus loin donneront des indications suffisantes à ce sujet.

Dans le chauffage avec prise d'air frais, il est nécessaire d'humidifier l'air. Si l'on adopte comme degré d'humidité, 80 °/₀ pour l'air extérieur, et 50 °/₀ pour l'air intérieur, on a les relations suivantes (voir Chap. II, § 3).

a) 1 m³ d'air à — 20°C fournit 1.237 m³ d'air à + 40°C, contenant

$$0{,}8 \times 1{,}1 = 0{,}88 \text{ gr. d'eau.}$$

b) 1 m³ d'air à ± 0°C fournit 1,147 m³ d'air à 40°C, contenant

$$0{,}8 \times 4{,}9 = 3{,}92 \text{ gr. d'eau.}$$

c) 1 m³ d'air à ± 40°C, à 50 °/₀ d'humidité, contient $0{,}5 \times 50{,}8 = 25{,}4$ gr. d'eau.

Pour atteindre le degré hygrométrique réclamé par l'hygiène, il faut donc introduire dans l'air les quantités supplémentaires d'eau suivantes ;

a) 1 m³ d'air chauffé de — 20° à + 40°C :

$$25{,}4 - \frac{0{,}88}{1{,}237} = 24{,}7 \text{ gr.}$$

b) 1 m³ d'air chauffé de ± 0° à + 40°C :

$$25{,}4 - \frac{3{,}92}{1{,}147} = .2 \text{ gr.}$$

Si l'on admet que l'eau a une température moyenne de + 10°C, il faut pour transformer 1 kg d'eau en vapeur à la température de 40°C.

$$579 + (40 - 10) = 610 \text{ cal.}$$

De sorte que, pratiquement, on peut dire que, pour 1 m³ d'air extérieur à une température de ± 0° à — 20°C, il faudra fournir

$$\frac{24\ 7 \times 610}{1.000} = 15 \text{ cal.}$$

pour l'humidification.

Il en résulte que le calorifère doit développer la quantité de chaleur suivante :

a) pour l'échauffement de l'air pris à l'extérieur à une température t_o :

$$x\left(t_a - t_o\right) \times 0{,}237 \text{ cal.}$$

b) pour la vaporisation de l'eau, en prenant le poids spécifique de l'air correspondant à la température la plus base t_o :

$$\frac{x}{\gamma} \;.\; 15 \text{ cal.}$$

Si l'on fait le calcul pour un calorifère à ailettes, on peut adopter un rendement spécifique (par m²) de **1.200 cal.** ; pour un calorifère uni, **2.000 cal.**

La surface de chauffe du calorifère sera donc donnée par la formule :

$$\frac{x\left(t_a - t_o\right) 0{,}237 + \frac{x}{\gamma} \;.\; 15}{2.000} \text{ m}^2$$

ou bien

$$\frac{x\left(t_a - t_o\right) 0{,}237 + \frac{x}{\gamma} \;.\; 15}{2.000} \text{ m}^2.$$

Calcul des installations de chauffage par l'air chaud.

Application 13. — *Un gymnase est chauffé par l'air chaud au moyen de deux calorifères à parois unies placés dans les sous-sols : le chauffage à circulation continue doit être réalisé par les deux calorifères réunies quand la température extérieure est de* — **20°C**, *et par un seul quand cette température est de* $\pm$ *0°C.*

Les deux calorifères doivent permettre à $\pm$ *0°C un renouvellement de deux fois le volume du local (7.000 m³).*

Dans le calcul des calories à produire par heure par les calorifères, on peut partir de l'hypothèse qu'on renonce à atteindre l'état de régime, et qu'on fournira un excès de chaleur dans la salle uniquement en vue d'échauffer l'air.

Supposons que, dans ces conditions, il faille par heure, **90.000** cal. ~~heure~~. (Chap. II, p. 2), que la température intérieure du gymnase à hauteur de tête est + **15°C**, et que la température de l'air chaud est de + **40°C**.

Le volume d'air nécessaire, par un froid de — 20°C, est, à 40°C :

$$\frac{90.000}{0{,}31 \times 25}\left(1 + \alpha\, t_{40}\right) = 13.500 \text{ m}^3.$$

Ce volume, réduit à 0°C, devient

$$\frac{13.500}{1 + \alpha\, t_{40}} = 11.800 \text{ m}^3\,;$$

et à 15°C :

$$11.800\left(1 + \alpha\, t_{15}\right) = 12.400 \text{ m}^3.$$

La quantité de chaleur nécessaire pour deux renouvellements par heure et par $\pm$ 0°C, est

$$\frac{7.000}{1 + \alpha\, t_{40}} \times 0{,}31 \times 40 = 76.000 \text{ cal.}$$

La chaleur nécessaire pour le chauffage par 0°C, est

$$\frac{15}{35} \times 90.000 = 38.500 \text{ cal.}$$

Si l'on prend comme rendement spécifique du calorifère 20.000 cal./m², et si l'on choisit deux calorifères de même puissance, chacun d'eux devra avoir une surface de chauffe de

$$\frac{1}{2} \times \frac{90.000}{2.000} = 22,5 \text{ m}^2.$$

que nous porterons à 25 m².

Chacun de ces appareils fournit largement la chaleur nécessaire par $\pm$ 0°C ; et les deux ensemble réalisent, comme nous l'avons montré plus haut, le chauffage à circulation continue par — 20°C.

Si l'on prend l'air à l'extérieur à 0°C, les deux calorifères réunis permettent d'échauffer l'air à peu près à 40°C. Cet air, se refroidissant dans le gymnase à la température de celui-ci, cède

$$\frac{7.000}{1 + \alpha t_{40}} \times 0,31 \ (40 - 15) = 46.000 \text{ cal.}$$

Or, nous avons vu que le chauffage à 0°C n'exige que 38.500 cal. Nous voyons donc que la 3e condition du problème est réalisée.

Pour calculer les gaines d'air, il faut d'abord se fixer les vitesses de circulation de celui-ci. On peut adopter les valeurs suivantes :

a) Air de circulation, avec une dépression de 3 m. et pour une différence de température de 40 — 15 = 25°C. . . . . $v = 1$ m/sec.

Air chaud, dans les mêmes conditions. . . . . $v = 1$ m/sec.

b) Air frais à $\pm$ 0° C, échauffement de 40°C. . . $v = 1$ m/sec.

On obtiendra dans les sections suivantes :

Gaine de circulation $\quad \frac{12.400}{3.600} \cdot 1 = \mathbf{3,5}$ **m²**

Gaine d'air chaud $\quad \frac{13.500}{3.600} \cdot 1 = \mathbf{3,75}$ **m²**

Gaine d'air frais $\quad \frac{7.000}{1.1 \times 3.600} = \mathbf{1.77}$ **m²**

Application 14. — *La chambre **12** du rez-de-chaussée du bâtiment représenté au plan II* (1) *donne lieu à une perte de 8.600 cal., qui doivent être compensées par un chauffage à l'air chaud, dans l'hypothèse d'une chute de température de 25°C.*

Quelle doit être la vitesse dans la gaine principale de distribution longeant le plafond de la cave, pour que l'équilibre thermique soit maintenu, la différence entre la température de l'air chaud et celle de l'air extérieur étant de 40°C, c'est-à-dire en supposant un débit total de 9.500 m³ d'air par heure ?

Deux gaines de 27 cm $\times$ 66 cm. conduisent le volume d'air nécessaire pour compenser la perte de 8.600 cal., dans les conditions suivantes :

$$H = 3 \text{ m.} \qquad \Delta_1 = 25°C \qquad \Delta_2 = 40°C.$$

(1) Voir les plans à la fin de l'ouvrage.

La table II (1) indique qu'il reste, pour la gaine horizontale un excès de pression de 0,252 mm. d'eau. Pour $v = 1$m., on a :

$$\omega = \frac{9\,500}{3.600} = 2{,}65 \text{ m}^2.$$

Nous choisissons une section de $1^m,57 \times 1^m,70$. Sur 1 mètre de longueur, de gaine, en admettant $\Sigma\xi = 4$, la perte de charge est

$$\frac{1^2}{2 \times 9{,}81}\left(1 + 1 \cdot \frac{\rho \cdot \varphi}{2{,}65} + 4\right) = 0{,}25 \text{ mm d'eau } (\gamma = 1).$$

Comme ce chiffre est égal à l'excès de pression trouvé plus haut, les conditions du problème sont remplies.

Pour calculer plus exactement des installations de l'espèce, on utilise l'abaque que nous avons dressée. Son emploi est analogue à celui qu'on en fait pour le chauffage par l'eau chaude à basse pression (voir plus loin). Nous ferons remarquer que la perte de charge par frottement, dans les gaines des installations de ventilation, ne joue qu'un rôle très subordonné à l'égard de celles provenant d'obstacles à l'écoulement de l'air. Ces dernières constituent la base principale du calcul.

Dans l'abaque, les ordonnées positives représentent les quantités $\frac{v^2}{2g} \cdot \frac{\rho \cdot \varphi}{w}$ en mm. de colonne d'air pour les sections de gaine indiquées ; les ordonnés négatives donnent les valeurs $\frac{v^2}{2g}$ ou $\frac{v^2}{2g}\,\Sigma\xi$ en mm. de colonne d'air.

Les vitesses de l'air sont portées en abscisses.

Les sommes de calories correspondent à une chute de température de 20°C.

En ce qui concerne la constitution du calorifère, voir les fig. 6 *a* et 6 *b*, et la table III, page suivante.

Les calorifères représentés dans les figures 6 possèdent, outre les avantages des surfaces de chauffe unies et faciles à nettoyer, celui de présenter à l'air qui les traverse la surface de chauffe correspondant à l'élévation de température.

En ce qui concerne le calcul du chauffage par l'air chaud, remarquons encore que, suivant les circonstances, le renouvellement d'air dans un local est fixé, et que l'on doit calculer la température d'échauffement répondant aux pertes de calories.

S'il existe plusieurs locaux de cette espèce, les températures d'échauffement sont différentes suivants les pertes dans ces différentes salles. On calcule alors la surface de chauffe du calorifère séparément pour chaque local, et on ajoute les résultats ainsi obtenus pour trouver la surface de chauffe totale.

En général, le chauffage par l'air chaud est tout indiqué, là où l'on exige un renouvellement important de l'air dans les locaux, ou bien quand l'établissement d'un chauffage par la vapeur présente des difficultés. Le chauffage par l'air chaud sans pulsion n'est pas à recommander dans les bâtiments dont les murs extérieurs sont exposés à des vents violents ; car ceux-ci exercent une influence perturbatrice sur les faibles hauteurs de charge que le système met en œuvre.

(1) Voir planche hors texte.

Table donnant les dimensions des gaines d'air chaud

Table II.

	Dimensions de la canalisation	14/14	14/27	27/27	27/40	27/53	27/66	27/79	27/92	40/40	40/53	40/66	40/79	40/92	40/105	40/118	53/53	53/66	53/79	53/92	53/105	53/118	66/66	66/79	66/92	66/105	66/118	66/131	H = hauteur entre le centre de la chambre de chauffe et le milieu de la bouche de chaleur.
	cm²	196	380	730	1 080	1 430	1 780	2 140	2 480	1 600	2 120	2 640	3 160	3 680	4 200	4 720	2 810	3 500	4 190	4 880	5 570	6 250	4 300	5 210	6 070	6 930	7 790	8 650	
	Débit en m³ pour v = 1 m/sec.	72	137	263	389	515	641	767	893	576	763	950	1 138	1 325	1 512	1 699	1 012	1 260	1 508	1 757	2 005	2 250	1 570	1 876	2 185	2 495	2 804	3 114	
Vitesse de l'air chaud v = 1 m/s. Différence de température Δ = 20° C	Cal.	385	733	1 405	2 081	2 754	3 423	4 096	4 769	3 076	4 074	5 073	6 077	7 075	8 074	9 074	5 404	6 728	8 053	9 382	10 707	12 015	8 384	10 018	11 668	13 323	14 973	16 629	H = 3 m. Différence entre les températures de la chambre de chauffe et de l'air extérieur = 40° C.
	$\frac{v^2}{2g}\cdot\gamma\left(1+\frac{l\cdot\rho\cdot\varphi}{\omega}+\Sigma\zeta\right)$	0,304	0,262	0,249	0,246	0,244	0,243	0,243	0,241	0,243	0,240	0,240	0,239	0,238	0,238	0,238	0,239	0,238	0,238	0,237	0,237	0,237	0,237	0,237	0,236	0,236	0,236	0,236	
	"p" total	0,495	0,495	0,495	0,495	0,495	0,495	0,495	0,495	0,495	0,495	0,495	0,495	0,495	0,495	0,495	0,495	0,495	0,495	0,495	0,495	0,495	0,495	0,495	0,495	0,495	0,495	0,495	
	Excès *	0,191	0,233	0,246	0,249	0,251	0,252	0,252	0,254	0,252	0,255	0,256	0,256	0,257	0,257	0,257	0,256	0,257	0,257	0,258	0,258	0,258	0,258	0,258	0,259	0,259	0,259	0,259	
Vitesse de l'air chaud v = 1 m/s. Différence de température Δ = 25° C	Cal.	481	916	1 757	2 601	3 443	4 279	5 120	5 961	3 845	5 093	6 341	7 596	8 844	10 093	11 341	6 755	8 411	10 066	11 728	13 383	15 019	10 480	12 522	14 585	16 654	18 717	20 786	
	$\frac{v^2}{2g}\cdot\gamma\left(1+\frac{l\cdot\rho\cdot\varphi}{\omega}+\Sigma\zeta\right)$	0,304	0,262	0,249	0,246	0,244	0,243	0,243	0,241	0,243	0,240	0,239	0,239	0,238	0,238	0,238	0,239	0,238	0,238	0,237	0,237	0,237	0,237	0,237	0,236	0,236	0,236	0,236	
	"p" total	0,495	0,495	0,495	0,495	0,495	0,495	0,495	0,495	0,495	0,495	0,495	0,495	0,495	0,495	0,495	0,495	0,495	0,495	0,495	0,495	0,495	0,495	0,495	0,495	0,495	0,495	0,495	
	Excès *	0,191	0,233	0,246	0,249	0,251	0,252	0,252	0,254	0,252	0,255	0,256	0,256	0,257	0,257	0,257	0,256	0,257	0,257	0,258	0,258	0,258	0,258	0,258	0,259	0,259	0,259	0,259	
	Débit en m³ pour v = 1,69 m/sec.	122	231	444	657	870	1 083	1 296	1 509	973	1 289	1 606	1 923	2 239	2 555	2 871	1 710	2 129	2 549	2 969	3 388	3 803	2 653	3 170	3 693	4 217	4 739	5 263	
Vitesse de l'air chaud v = 1,69 m/sec. Différence de température Δ = 20° C	Cal.	651	1 234	2 371	3 508	4 646	5 783	6 920	8 058	5 196	6 889	8 576	10 269	11 956	13 614	15 336	9 131	11 362	13 612	15 854	18 097	20 308	14 467	16 928	19 721	22 513	25 306	28 104	H = 7,5 m. Différence entre les températures de la chambre de chauffe et de l'air extérieur = 40° C.
	$\frac{v^2}{2g}\cdot\gamma\left(1+\frac{l\cdot\rho\cdot\varphi}{\omega}+\Sigma\zeta\right)$	1,189	0,883	0,799	0,768	0,759	0,749	0,744	0,740	0,748	0,735	0,726	0,723	0,720	0,716	0,715	0,722	0,716	0,712	0,708	0,707	0,705	0,710	0,707	0,702	0,699	0,698	0,697	
	"p" total	1,238	1,238	1,238	1,238	1,238	1,238	1,238	1,238	1,238	1,238	1,238	1,238	1,238	1,238	1,238	1,238	1,238	1,238	1,238	1,238	1,238	1,238	1,238	1,238	1,238	1,238	1,238	
	Excès *	0,049	0,355	0,439	0,470	0,479	0,489	0,494	0,498	0,490	0,503	0,512	0,515	0,518	0,522	0,523	0,516	0,522	0,526	0,530	0,531	0,533	0,528	0,531	0,536	0,539	0,540	0,541	
Vitesse de l'air chaud v = 1,69 m/sec. Différence de température Δ = 25° C	Cal.	814	1 542	2 964	4 385	5 807	7 229	8 650	10 073	6 495	8 611	10 720	12 836	14 915	17 055	19 171	11 415	14 211	17 015	19 818	22 622	25 385	17 700	21 160	24 651	28 142	31 633	35 131	
	$\frac{v^2}{2g}\cdot\gamma\left(1+\frac{l\cdot\rho\cdot\varphi}{\omega}+\Sigma\zeta\right)$	1,189	0,883	0,799	0,768	0,759	0,749	0,744	0,740	0,748	0,735	0,726	0,723	0,720	0,716	0,715	0,722	0,716	0,712	0,708	0,707	0,705	0,710	0,707	0,702	0,699	0,698	0,697	
	"p" total	1,238	1,238	1,238	1,238	1,238	1,238	1,238	1,238	1,238	1,238	1,238	1,238	1,238	1,238	1,238	1,238	1,238	1,238	1,238	1,238	1,238	1,238	1,238	1,238	1,238	1,238	1,238	
	Excès *	0,049	0,355	0,439	0,470	0,479	0,489	0,494	0,498	0,490	0,503	0,512	0,515	0,516	0,522	0,523	0,516	0,522	0,526	0,530	0,531	0,533	0,528	0,531	0,536	0,539	0,540	0,541	

Débit d'air en m³ = ω. v. 3600 ; Cal. = débit d'air en m³ × 1,128 × 0,237 × Δ ; 1,128 = poids spécifique de l'air à + 40° C ; 0,237 = chaleur spécifique de l'air ; p = hauteur de charge disponible, = H ($\gamma_0 - \gamma_{40}$) = H × 0,165 mm. d'eau (γ = 1) = 150 H. mm. de colonne d'air.

Δ Différence entre la température de l'air dans la chambre de chauffe et celle de l'air extérieur = 20 ou 25° C.

$\frac{v^2}{2g}\cdot\gamma_{40}\left(1+\frac{l\cdot\rho\cdot\varphi}{\omega}+\Sigma\zeta\right)$ = résistances dans les gaines verticales ;

excès * = $p - \frac{v^2}{2g}\cdot\gamma_{40}\left(1+\frac{l\cdot\rho\cdot\varphi}{\omega}+\Sigma\zeta\right)$ = hauteur de charge disponible pour les gaines horizontales.

Σ ζ = par hypothèse.

* = x.

TABLE III

Dimensions de la chambre de chauffe du calorifère vertical à contre-courants.

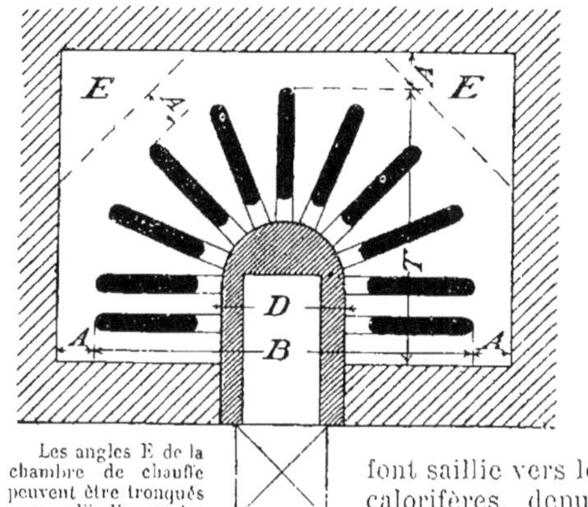

Les angles E de la chambre de chauffe peuvent être tronqués comme l'indiquent les étails interrompus.

Dans cette table, les mesures B et T représentent la largeur et la profondeur du calorifère proprement dit. La distance A entre les parois du calorifère et les murs de la chambre de chauffe doit être ajoutée à ces dimensions, et dépend souvent de circonstances locales. En général, on peut, dans les catégories *a* et *b*, prendre pour A environ 250 à 300 mm.; dans la catégorie *c*, 150 mm. suffisent, parce que dans ce cas les boîtes de chauffe font saillie vers le haut. La hauteur de tous les calorifères, depuis le sol de la cave jusqu'au sommet de l'appareil est en moyenne de 1,85 m.

	Diamètre du foyer	D = 620 mm		D = 820 mm							
	No. de l'appareil	1	2	3	4	5	6	7	8	9	10
	Nombre des boîtes de chauffe	7	8	9	10	11	12	13	14	15	16
En employant des boîtes de chauffe du type : *a*	Surface de chauffe m²	13,57	14,90	17,20	18,55	21,30	22,65	25,40	26,80	29,55	30,90
	B	1480	1480	1680	1680	1680	1680	1680	1680	1680	1680
	T	990	990	1090	1090	1340	1340	1590	1590	1840	1840
b	Surface de chauffe m²	17,07	18,90	21,70	23,55	26,80	28,65	31,90	33,80	37,05	38,90
	B	1880	1880	2080	2080	2080	2080	2080	2080	2080	2080
	T	1190	1190	1290	1290	1540	1540	1790	1790	2040	2040
c	Surface de chauffe m²	18,82	20,90	23,95	26.05	29,56	31,65	35,17	37,30	40,80	42,90
	B	2280	2280	2480	2480	2480	2480	2480	2480	2480	2480
	T	1390	1390	1490	1490	1740	1740	1990	1990	2240	2240

Par boîte de chauffe, la surface de chauffe est : *a* : $1^{m^2},25$; *b* $1^{m^2},75$; *c* : $2^{m^2},00$.

REMARQUE. — En combinant les boîtes de chauffe des types *a*, *b*, et *c* dans le même calorifère, on peut varier la grandeur de l'appareil, et lui donner en plan un contour irrégulier, suivant les circonstances locales.

D'autre part, en disposant les gaines d'air chaud dans les parois intérieures, on risque de produire des courants d'air.

Les chambres de chauffe doivent être facilement accessibles, et suffisamment éclairées, de préférence par la lumière naturelle. Une condition primordiale à remplir est la possibilité du nettoyage facile.

Ce que nous disons du chauffage par l'air chaud s'applique aussi, par analogie, aux installations de ventilation : tous deux mettent en œuvre le même procédé de circulation de l'air, et les dernières fonctionnent sous de faibles différences de température (entre les locaux et l'air extérieur).

Comme la ventilation d'un local occupé par des personnes a pour but d'éliminer les mauvaises odeurs et les produits de la respiration et de la transpiration (anhydride carbonique et vapeur d'eau) et de réaliser les degrés voulus de chaleur et d'humidité, il faut avoir soin de suivre les règles suivantes dans la construction d'installations de chauffage par l'air chaud et de ventilation :

1° Maintenir, dans les locaux occupés par des personnes, un excès de pression, afin d'éviter l'introduction de l'air froid extérieur ou de l'air chaud des locaux voisins dans lesquels se produisent de mauvaises odeurs.

2° Diminuer le plus possible les remous qui se produisent par suite du mouvement de l'air, de façon que l'air parvienne près des occupants avec la vitesse la plus faible possible.

3° Quand l'air chaud est introduit à une température inférieure à 25°C, on peut se dispenser de l'humidifier artificiellement.

4° Eliminer les matières organiques malodorantes en ozonifiant l'air.

5° Prévoir la régulation de l'installation en un ou plusieurs points centraux, suivant les circonstances locales.

Ces 5 règles donnent lieu aux remarques suivantes :

1° Le volume d'air nécessaire pour maintenir l'excès de pression intérieure dépend de l'étanchéité du bâtiment et varie, d'après l'expérience, entre 4 et 7 m^3 par m^2 de surface des parois extérieures, y compris les portes.

2° Les courants d'air sont d'autant plus importants que l'air arrive avec plus de vitesse au voisinage des occupants.

3° Les quantités de vapeur dégagées par les occupants suffisent pour entretenir le degré hygrométrique voulu dans l'air du local.

4° La présence de matières organiques dégageant une mauvaise odeur nuit à la respiration des occupants, au point que, même quand la proportion d'anhydride carbonique dans l'air du local est faible, par suite d'une ventilation suffisante, la santé des occupants peut être en danger. Comme il n'est pas possible d'écarter ces matières organiques par la ventilation parce que, s'introduisant dans les pores des maçonneries, elles y subissent une décomposition constante, on doit les éliminer par voie électrolytique.

Remarque. — *Les défauts de fonctionnement* dans les installations de chauffage par l'air chaud, — indépendamment de ceux résultant d'erreurs commises dans le calcul des diverses parties de l'installation, — peuvent provenir des causes suivantes :

a) Entrée de l'air froid dans les gaines d'air chaud par le fait que l'air frais en entrant dans le calorifère est en contact défectueux avec celui-ci.

b) Afflux insuffisant d'air chaud dans les gaines montantes les plus éloignées, parce que les gaines montantes les plus proches ont une section trop grande.

c) Etranglements dans les gaines, provenant d'une mauvaise exécution des travaux de maçonnerie ou du fait qu'on a négligé de faire enlever les gravois que les maçons ont laissé tomber à l'intérieur des gaines pendant l'exécution.

d) Renversement du courant d'air dans les gaines d'air chaud sous l'influence d'un phénomène de succion lorsque l'adduction de l'air frais se fait d'un seul côté du bâtiment.

e) Température insuffisante dans la chambre de chauffe, par suite d'indications erronées de thermomètres, du fait du mauvais emplacement de ceux-ci (par exemple, tout près des surfaces de chauffe du calorifère).

§ 2. — Elimination des buées et séchage.

L'air atmosphérique possède la propriété d'absorber, sous forme de vapeur, l'eau en quantité limitées pour des températures déterminées.

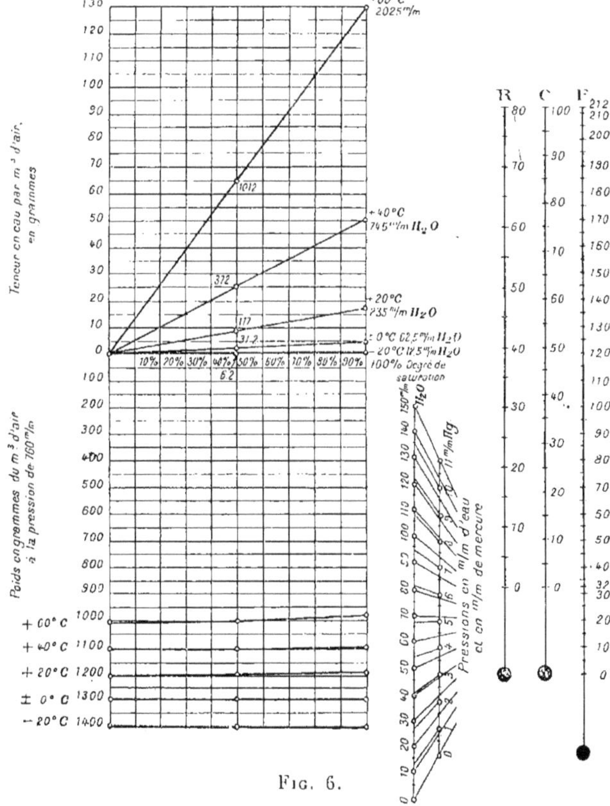

Fig. 6.

Si cette limite est dépassée, l'excès de vapeur d'eau se condense, et il se forme, autour des particules poussiéreuses de l'air, des vésicules d'eau remplies de vapeur, qui flottent grâce à leur légèreté, et qui, arrêtant la lumière, constituent des buées visibles.

La saturation de l'air par la vapeur d'eau peut avoir pour cause directe, l'introduction de la vapeur dans l'air (cuisines et buanderies), et pour cause indirecte, le refroidissement de l'air entraînant avec lui une diminution du pouvoir absorbant de l'atmosphère. En outre, comme c'est le cas pour les teintureries, l'air léchant la surface de l'eau des cuves à découvert, s'enrichit en vapeur d'eau, empruntant à l'eau de ces cuves la chaleur nécessaire à la vaporisation. Il se produit alors de la vapeur d'eau à la pression atmosphérique. Ce phénomène porte le nom d'*évaporation*, pour le distinguer de la *vaporisation* qui se fait sous une pression supérieure.

Le diagramme ci-dessus donne les renseignements relatifs à l'humidité de l'air, à la tension de la vapeur d'eau et au poids de l'air à différentes températures. On voit nettement que la teneur en eau et la tension de la vapeur d'eau croissent avec la température ; que la tension de la vapeur est une fonction de l'humidité de l'air, et que dans certaines circonstances l'air humide peut être plus lourd que l'air sec.

Lorsqu'on calcule une installation d'élimination des buées, on doit d'abord déterminer :

1° Les quantités des buées produites par évaporation ou par vaporisation.

2° Les températures extérieure et intérieure, auxquelles l'installation d'élimination des buées doit fonctionner.

3° Les températures de l'air chaud et de l'air évacué.

En règle générale, on évacuera rapidement au moyen d'éjecteurs ou d'aspirateurs (ventilateurs), les buées provenant d'un phénomène de vaporisation, comme dans les appareils de cuisson ; par contre, si la vapeur d'eau est produite par évaporation, on aura soin d'éviter sa condensation, en maintenant constante, par chauffage, la température de l'air.

Dans les cuisines à la vapeur, les brasseries, etc., l'ouverture des appareils donne lieu simultanément aux deux phénomènes ; de sorte qu'il faut, à la fois, assurer l'évacuation de la vapeur, et insuffler dans le local, de l'air chaud au voisinage immédiat des appareils bouilleurs. Pour éviter la sursaturation de l'atmosphère intérieure, il est recommandé, dans les locaux où se dégagent des buées et des vapeurs, de chauffer le plus possible, et d'éviter les rentrées d'air froid en maintenant une surpression à l'intérieur.

Les mêmes principes sont applicables au calcul des installations de séchage.

Les deux exemples suivants permettront d'en comprendre l'application.

Application 15. — *Une buanderie à vapeur comprend les appareils suivants :*

Quatre machines à lessiver, dont le tambour contient 500 litres environ, et qui comportent chacune une surface de chauffe à vapeur de $1^{m2},25$ (température de la vapeur = 105°C).

Deux bouilleurs fermés d'1^{m3} disposés pour bouillir au moyen de la vapeur sortant des machines à lessiver.

Une cuve ouverte pour le bouillage (surface d'eau de $0^{m2},5$).

Une cuve à tremper le linge (surface d'eau de 6^{m2}).

On demande, d'une part, en combien de temps l'eau des bouilleurs sera portée à l'ébullition au moyen de la vapeur d'échappement des machines à lessiver, d'autre part, combien il faut d'air pour éliminer les buées provenant des cuves ouvertes. La température du local doit atteindre 20°C ; l'air évacué doit contenir 80 % d'humidité ; l'air frais débouche à 0°C sur les radiateurs disposés dans le local.

Comme 1^{m2} de surface de chauffe à la vapeur transmet 400 cal. pour une différence de température de 1°, à l'eau portée à l'ébullition, la quantité de vapeur produite dans les quatre machines à lessiver sera :

$$\frac{4 \times 1,25 \times 4000\ (105 - 100)}{540} = \mathbf{185\ kg}.\ \text{par heure.}$$

La consommation de vapeur pour les deux bouilleurs est

$$\frac{2 \times 100\ (100 - 10)}{540} = 330 \text{ kg.}$$

l'eau étant supposée au début à 10°C.

Il en résulte que l'ébullition sera atteinte dans ces bouilleurs au bout de $\frac{330}{185} = 2$ heures en chiffres ronds.

On peut fixer à 0k,5 par m² l'évaporation dans la cuve à tremper, et à 25 kg. par m², celle dans la cuve pour le bouillage, en considérant les températures les plus hautes de l'eau, et dans les circonstances données. La quantité de buée à éliminer est donc :

$$6 \times 0,5 + 0,5 \times 25 = 15,5 \text{ kg.}$$

Comme 1 m³ d'air à 20° peut contenir, à 80 % de saturation, $80 \times 17,2 = 13,8$ gr. d'eau, et qu'1 m³ d'air à 0 °C contient environ **4,8 gr.** d'eau, il en résulte qu'1 m³ d'air d'évacuation pourra extraire du local

$$13,8 - 4,8 = 9 \text{ gr. d'eau.}$$

La quantité d'air nécessaire pour éliminer les buées est donc

$$\frac{15,5 \times 1000}{9} = 1720 \text{ m}^3.$$

Application 16. — *En 4 jours, et en supposant un fonctionnement de 10 h., par jour, on doit sécher, dans un séchoir, un tas de bois occupant, en couches superposées, un volume de 260m³, mais contenant en réalité $\frac{260}{2} = 130$m³ de matière. Le poids spécifique du bois est de 0,52, et il contient 25 % d'humidité. L'air d'évacuation doit être saturé à 100 %. L'air est pris à la température de 0°C Combien faut-il de chaleur et d'air ?*

La quantité d'eau à éliminer par heure est de :

$$\frac{130 \times 1000 \times 0,52 \times 0,25}{4 \times 10} = 425 \text{ kg.}$$

Ce poids d'eau exige pour son évaporation

$$425 \times 600 = 255000 \text{ cal.}$$

Pour l'échauffement de la matière solide, il faut :

$$\frac{130 \times 1000 \times 0,52}{4 \times 10} \times 0,6 \times 40 = 39000 \text{ cal.}$$

en admettant que la température de séchage soit 40° C.

Pour éliminer la quantité d'eau calculée précédemment, il faut un volume d'air égal à

$$\frac{425000}{50,9 - 4,9} = 9200 \text{ m}^3. \text{ (Voir le diagramme).}$$

Cet air devant être porté en moyenne de 0° à 40°C, la consommation de chaleur sera

$$\frac{9200}{1 + \frac{40}{273}} \times 0,31 \times 40 = 108.000 \text{ cal.}$$

Si les pertes par refroidissement dans le séchoir sont de **5000 cal.**, on voit que la surface de chauffe devra produire en tout :

$$\begin{array}{r} 255\,000 \\ 39\,000 \\ 108\,000 \\ 5\,000 \\ \hline 407\,000 \text{ cal.} \end{array}$$

§ 3. — Ventilateurs.

Suivant l'importance des résistances s'opposant au mouvement de l'air, on distingue des ventilateurs à haute pression et des ventilateurs à basse pression.

Les derniers sont largement appliqués, sous la forme de ventilateurs hélicoïdaux pour le déplacement de grands volumes d'air sous une pression à la sortie allant jusqu'à 25 mm. d'eau.

Lorsque l'air s'échappe librement du ventilateur, la pression est de 2 mm. d'eau environ ; de sorte que la vitesse de l'air atteint environ

$$v = \sqrt{\frac{2\,g\,.\,2}{1,293}} = 5^{m},5 \text{ m/sec.}$$

pour de l'air à 0°C.

Les pressions développées p sont en général proportionnelles aux carrés des vitesses v et des nombres de tours par minute n.

$$\frac{p_1}{p_2} = \frac{v_1^2}{v_2^2} = \frac{n_2^2}{n_2^2} ;$$

$$\frac{v_1}{v_2} = \frac{n_1}{n_2} = \frac{Q_1}{Q_2} ;$$

Q désignant le débit horaire en m³.

Si le débit Q est donné en air à 0°C, on obtient le diamètre du ventilateur par la formule

$$\frac{\pi D^2}{4} = \frac{Q}{5,5 \times 3600} = \frac{Q}{20\,000} \text{ m}^2.$$

Dans le calcul du nombre des tours du ventilateur, il ne faut pas perdre de vue que, pour éviter un fonctionnement bruyant, il convient de ne pas dépasser 25 m/sec pour la vitesse périphérique des ailes.

On aura donc :

$$n \leqq \frac{25 \times 60}{\pi\,.\,D} = \frac{500}{D}.$$

Si l'air ne s'échappe pas librement, si donc le ventilateur débite l'air dans une conduite, il faut, pour maintenir la pression voulue à la sortie de celle-ci, dépenser plus d'énergie. Le poids d'air à déplacer par seconde, est donné à 0°C par l'expression

$$\frac{Q \times 1,293}{3600} \text{ kg.}$$

Ce poids doit être élevé à la hauteur $\frac{p}{\gamma}$, en posant

$$\frac{p}{\gamma} = \frac{v^2}{2g}(1 + R + \Sigma\xi),$$

c'est-à-dire la résistance totale de l'installation, p étant exprimé en mm d'eau de densité 1.

Les quantités R et $\Sigma\xi$ représentent les pertes de charge de frottement et de mouvement. Si l'on admet pour les ventilateurs considérés un rendement de 0,4 (celui-ci varie suivant les données des fabricants), de sorte que pour un cheval-vapeur de 75 kgm dépensé on n'utilise que

$$0{,}4 \times 75 = 30 \text{ kgm},$$

la puissance du moteur sera

$$\frac{Q \times 1{,}293}{3600} \times \frac{p}{\gamma} \times \frac{1}{30} = \frac{Q \cdot p}{108.000} \text{ chevaux-vapeur.}$$

Application. 17. — *Quelles sont les dimensions, et quelle est la consommation d'énergie d'un ventilateur qui doit déplacer au maximum 10.000$^{m^3}$ d'air sous une pression totale de 8 mm d'eau ?*

D'après ce que nous avons dit, on a :

$$\frac{\pi D^2}{4} = \frac{Q}{20.000} = \frac{10.000}{20.000} = 0{,}5^{m^2} \qquad D = 0{,}80 \text{ m.}$$

Si le catalogue contient des ventilateurs de 0^m,8, ce diamètre peut être maintenu. Le nombre de tours s'obtient par la formule

$$\frac{400}{n} = \frac{230}{\frac{10.000}{60}};$$

d'où

$$n = 300.$$

D'après le catalogue, un ventilateur de 800 mm tournant à 400 tours, débite 230 m^3 par minute à l'air libre.

Le nombre de tours qui ne peut être dépassé est donné par la formule

$$\frac{500}{D} = \frac{500}{0{,}8} = 625.$$

Comme le ventilateur tourne à raison de 50 °/₀ de ce nombre de tours, le fonctionnement silencieux est assuré.

La puissance du moteur qui actionne le ventilateur sera :

$$\frac{Q \cdot p}{108000} = \frac{10000 \times 8}{108000} = 1 \text{ HP.}$$

Remarque. — Des *défauts de fonctionnement* peuvent survenir, même si les dimensions ont été calculées correctement, lorsque la plus grande partie de la pression développée par le ventilateur est absorbée par le choc de l'air déplacé sur une paroi verticale de gaine ; le ventilateur, au lieu de déplacer l'air, produit uniquement un brassage.

Le même cas se présente lorsque le registre de la prise d'air frais est fermé.

§ 4. — Chauffage par l'eau chaude à basse pression.

Le chauffage par l'eau chaude est basé sur l'utilisation de la chaleur rendue libre par le refroidissement d'un certain poids d'eau.

Si la température de l'eau est inférieure à 100° C, le chauffage est dit à basse pression ; si la température est supérieure à 100°C, le chauffage est à haute pression.

Dans le chauffage à base pression l'abaissement de température de l'eau est en règle générale de 20° C ; de sorte que 1000 kg d'eau chaude émettent une quantité de chaleur égale à $1000 \times 20 = 20000$ cal.

Désignons par M le nombre de calories à fournir, par t_1 et t_2 les températures de l'eau chaude et de l'eau refroidie, par γ_1 et γ_2 leurs poids spécifiques, par v la vitesse de circulation en m/sec., par Q le volume en m³, d'eau de densité moyenne $\frac{\gamma_1 + \gamma_2}{2}$, débité par la conduite de diamètre d en mètre.

On a :

$$M = \underbrace{Q \times 1000 \frac{\gamma_1 + \gamma_2}{2}}_{\text{Poids d'eau}} \underbrace{(t_1 - t_2)}_{\text{chute de température.}}$$

$$Q = \frac{\pi d^2}{4} \times v \times 3600.$$

On en tire :

$$v = \frac{Q}{\frac{\pi d^2}{4} \times 3600}.$$

ou bien, en substituant la valeur de Q tirée de la première équation :

$$v = \frac{1}{3600 \frac{\pi d^2}{4}} \times \frac{M}{\frac{\gamma_1 + \gamma_2}{2} \times 1000 (t_1 - t_2)}$$

Introduisons dans cette formule, les valeurs de γ_1 et γ_2 correspondant aux températures extrêmes t_1 et t_2 de l'eau, c'est-à-dire, d'après Rietschel :

Basse pression :	$t_1 = 90°$	$\gamma_1 = 0{,}9655$
	$t_2 = 60°$	$\gamma_2 = 0{,}98331$
Haute pression :	$t_1 = 150°$	$\gamma_1 = 0{,}91718$
	$t_2 = 80°$	$\gamma_2 = 0{,}97191$

On obtient ainsi les formules simplifiées suivantes, donnant les vitesses de circulation à atteindre dans une tuyauterie de diamètre d (en mètres) pour débiter M calories par heure :

1° *Chauffage par l'eau chaude à basse pression à circulation par thermosiphon et à circulation mécanique.*

$$v = \frac{M}{275\,6700\, d^2 (t_1 - t_2)}$$

2° *Chauffage par l'eau chaude à moyenne pression.*

$$v = \frac{M}{267\,1800\, d^2 (t_1 - t_2)}$$

Chauffage par l'eau chaude à moyenne pression ($d = 0{,}023^{m}$).

$$v = \frac{M}{1110 (t_1 - t_2)}$$

Le système le plus simple de chauffage par l'eau chaude est représenté dans la fig. 7.

La charge hydrostatique à développer doit être, d'après ce que nous avons dit :

$$H = \frac{v^2}{2g} \left(1 + \frac{l.\rho}{d} + \Sigma \xi\right).$$

Application 18. — *La charge H du système de chauffage par l'eau chaude (fig. 7) est portée à $0^m,5$ par le réglage de la vanne V ; le tuyau principal à un diamètre de 50 mm. Quelle est la chaleur utilisable pour une chute de température de 20° ?*

Pour $v = 0,8$ m ; $L = 25$ m ; $\Sigma \xi = 1$, la somme des pertes de charges est :

$$\frac{0,8^2}{2 \times 9,81} \left(1 + \frac{25 \times \rho}{0,05} + 1\right) = 0,5 \text{ m d'eau.}$$

La quantité d'eau passant dans le tuyau par heure est :

$$0,8 \times \frac{\pi . \overline{0,05}^2}{4} \times 3600 = 5,4 \text{ m}^3.$$
$$= 5400 \text{ kg.}$$

La chaleur débitée par heure sera donc

$$5400 \times 20 = 108000 \text{ cal.}$$

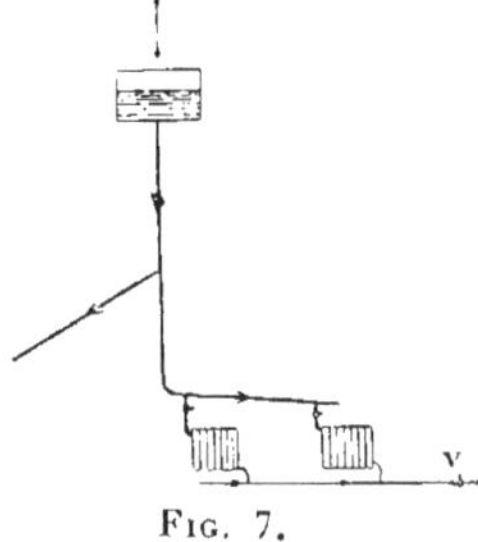

Fig. 7.

Des installations de l'espèce sont souvent montées dans les teintureries, les brasseries, et établissements analogues, où l'on utilise de grandes quantités d'eau chaude sous la pression nécessaire.

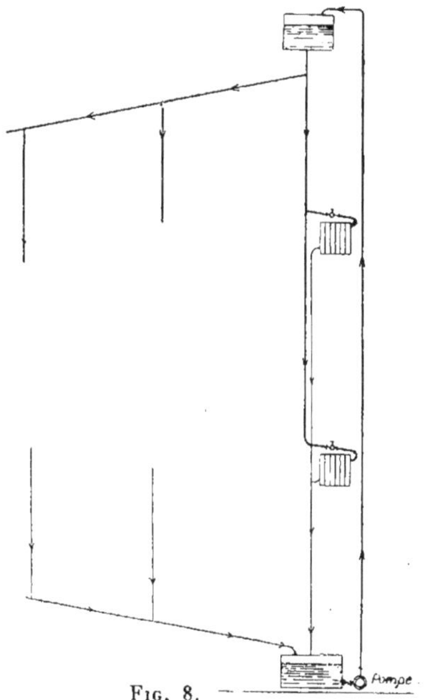

Fig. 8.

Mais si le mouvement de l'eau ne se produit pas par descente, c'est-à-dire si la source d'eau chaude est au point le plus bas de l'installation de chauffage, on adopte alors le dispositif des fig. 8 et 9.

La charge nécessaire est réalisée par une pompe qui élève l'eau dans un réservoir supérieur.

Les sections de tuyaux sont calculées, en adoptant des vitesses déterminées par la formule

$$\omega = \frac{M}{\gamma \times 20 \times 1000} \times \frac{1}{3600\, v}.$$

Comme, dans des installations de l'espèce, on n'exige pas un réglage rigoureux de la température dans les surfaces chauffantes, les vitesses peuvent être prises arbitrairement, suivant la puissance que l'on donne à la pompe.

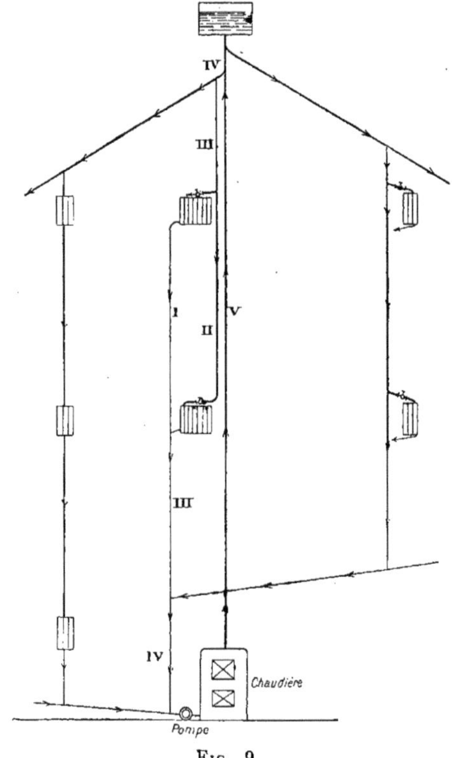

Fig. 9.

Cette puissance se calcule par la formule

$$\frac{1}{3600} \cdot \underbrace{\frac{M}{t_1 - t_2}}_{\text{kgs d'eau}} \cdot \frac{H}{\eta \times 75};$$

dans cette expression, on a :

$$H = \frac{v^2}{2g}\left(1 + \frac{l \cdot \rho}{d} + \Sigma \xi\right)$$

ou

$$H = \frac{v^2}{2g}\left(\frac{l \cdot \rho}{d} + \Sigma \xi\right)$$

suivant qu'il s'agit d'une pompe foulante (fig. 8) ou d'une pompe de circulation (fig. 9).

Le rendement mécanique η de la pompe peut être estimé en moyenne à 0,8 pour les pompes à piston et à 0,5 pour les pompes centrifuges.

Afin de réduire les frais d'exploitation, on fait bien, dans ces installations, de faire circuler l'eau à une vitesse inférieure à 1 m/sec.

A cette vitesse, un tuyau de 13 mm (section $\omega = 1.33$ cm²), pour une chute de température de 20°C, débite par heure

$$0{,}000133 \times 1 \times 3600)\ 1000 \times 20 = 9600 \text{ cal.}$$

Une augmentation de la vitesse de circulation de l'eau ne présente aucun avantage, car la chaleur émise par les surfaces chauffantes, lorsque l'eau atteint une vitesse déterminée, reste à peu près constante dans les conditions usuelles d'exploitation.

Application 19. — *Quelle est la puissance de la pompe pour l'installation de la fig. 7, si, toutes choses égales d'ailleurs, la charge est de 10 mètres ?*

Cette puissance est de

$$\frac{5400 \times 10}{3600 \times 0{,}5 \times 75} = 0{,}5 \text{ HP}$$

Application 20. — *On demande de déterminer les éléments de l'installation de chauffage représentée dans la fig. 9, pour réaliser les débits suivants :*

Colonne I-II,	*6.500*	*cal.*
» *III,*	*13.000*	»
» *IV,*	*79.425*	»
» *V,*	*162.092*	»

On demande ensuite de calculer la puissance nécessaire pour la pompe de circulation.

En supposant une vitesse de circulation de 0,6 m/sec, on obtient, pour les débits donnés, les diamètres de tuyauteries et les pertes de charges suivants :

Colonne I-II, 6500 cal. ; $d = 14$ mm. ; $l = 10$.
$\Sigma\xi = 4$; R = 0,350 (frottement)
0,073 (résistances)
I = II = 0,423 m. d'eau

Colonne III, 13000 cal ; $d = 20$ mm. ; $l = 2 \times 5 = 10$ m.
$\Sigma\xi = 2$; R = 0,244
0,0367
0,2807

Colonne IV (départ) 79425 cal. ; $d = 49$ mm. ; $l = 10$ m.
$\Sigma\xi = 2$; R = 0,0996
0,0367
0,1363

Colonne IV (retour) 79425 cal ; $d = 49$ mm. ; $l = 5$ m.
$\Sigma\xi = 1$; R = 0,049
0,018
0,067

Colonne V, 162092 cal ; $d = 70$ mm. ; $l = 20$ m.
$\Sigma\xi = 2$; R = 0,140
0,036
0,176

En supposant que le circuit I-V soit celui offrant les plus grandes résistances à la circulation de l'eau, on calcule comme suit la puissance de la pompe pour la charge maximum de

$$0{,}176 + 0{,}136 + 0{,}067 + 0{,}2807 + 0{,}423 = 1{,}082 \text{ m.}$$

d'eau, et pour le débit maximum de 162092 cal. :

$$\frac{1}{3600} \cdot \frac{162092}{20} \times \frac{1{,}082}{0{,}5 \times 75} = 0{,}1 \text{ HP.}$$

Le chauffage par l'eau chaude à basse pression avec pompe de circulation trouve son application dans les installations étendues en plan.

On y a notamment recours dans les cas où le système du chauffage à grande distance est économique. Dans les installations peu étendues de chauffage par l'eau chaude à basse pression, il est plus avantageux d'utiliser la chute de pression résultant de la différence entre la température du départ et celle du retour (Voir fig. 10 et 11).

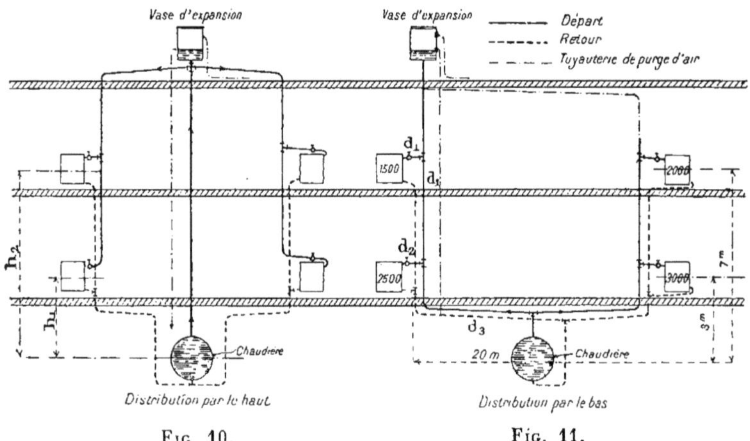

Fig. 10. Fig. 11.

DIFFÉRENTS DISPOSITIFS DE CHAUFFAGE PAR L'EAU CHAUDE A BASSE PRESSION.

Désignons cette chute de pression par p ; dans ces conditions, en adoptant les notations du chap. II, § 9, on a :

$$p' = \gamma_2 - \gamma_1$$

pour 1 mètre de hauteur de circulation. Comme l'eau en circulation possède un poids spécifique moyen $\gamma = \frac{\gamma_1 + \gamma_2}{2}$, il en résulte, d'après la théorie, de Rietschel, que la pression totale est

$$\frac{p' \text{H}}{\gamma} = \frac{\gamma_2 - \gamma_1}{\frac{\gamma_1 + \gamma_2}{2}} \cdot \text{H},$$

H désignant la hauteur de circulation, c'est-à-dire la distance verticale entre le milieu de la chaudière et le milieu du radiateur.

Table donnant les diamètres des tuyaux dans le cas du chauffage par l'eau chaude à basse pression.

Table IV.

Vitesse moyenne de l'eau v en 1″	Débits M en cal. et résistances en mm. d'eau.	Diamètres des tuyaux en mm. en supposant que les raccordements des radiateurs donnent $l = 6$ m, $\Sigma\zeta = 4$			Diamètres en mm. des colonnes verticales $l = 10$ m ; $\Sigma\zeta = 1$						
		14	20	25	14	20	25	34	39	49	64
$v = 0,05$	M. cal.	541	1 104	1 725	541	1 104	1 725	3 191	4 198	6 627	11 305
	$\frac{v^2}{2g}\left(\frac{l\cdot\rho}{d}+\Sigma\zeta\right)$	3,36	2,67	2,25	5,33	3,73	3,03	2,23	2,03	1,63	1,23
$v = 0,10$	M. cal.	1 080	2 204	3 444	1 080	2 204	3 444	6 370	8 381	13 230	22 569
	$\frac{v^2}{2g}\left(\frac{l\cdot\rho}{d}+\Sigma\zeta\right)$	11,70	8,82	7,44	16,61	11,81	9,51	7,11	6,31	5,11	4,01
$v = 0,15$	M. cal.	1 619	3 304	5 163	1 619	3 304	5 164	9 549	12 563	19 832	33 833
	$\frac{v^2}{2g}\left(\frac{l\cdot\rho}{d}+\Sigma\zeta\right)$	23,67	17,97	15,27	32,95	23,45	18,95	14,25	12,55	10,25	8,15
$v = 0,20$	M. cal.	2 162	4 412	6 894	2 162	4 412	6 894	12 751	16 777	26 483	45 179
	$\frac{v^2}{2g}\left(\frac{l\cdot\rho}{d}+\Sigma\zeta\right)$	39,24	29,94	25,56	53,84	38,34	31,04	23,34	20,64	16,84	13,34
$v = 0,25$	M. cal.	2 701	5 512	8 613	2 701	5 512	8 613	15 930	20 959	33 086	56 443
	$\frac{v^2}{2g}\left(\frac{l\cdot\rho}{d}+\Sigma\zeta\right)$	58,22	44,54	38,18	78,99	56,19	45,59	34,39	30,39	24,89	19,97
$v = 0,30$	M. cal.	3 242	6 616	10 338	3 242	6 616	10 338	19 120	25 157	39 713	67 748
	$\frac{v^2}{2g}\left(\frac{l\cdot\rho}{d}+\Sigma\zeta\right)$	80,09	61,97	53,27	108,49	77,29	62,79	47,39	41,89	34,29	27,29
$v = 0,35$	M. cal.	3 783	7 720	12 063	3 783	7 720	12 063	22 311	29 355	46 339	79 053
	$\frac{v^2}{2g}\left(\frac{l\cdot\rho}{d}+\Sigma\zeta\right)$	100,34	81,92	70,52	241,84	101,14	82,14	62,04	54,94	44,94	35,94
$v = 0,40$	M. cal.	4 322	8 820	13 781	4 322	8 820	13 781	25 490	33 538	52 942	90 317
	$\frac{v^2}{2g}\left(\frac{l\cdot\rho}{d}+\Sigma\zeta\right)$	135,40	104,56	90,46	179,46	128,06	104,06	78,06	69,06	57,06	45,66

Vitesse moyenne de l'eau v en 1″	Débits M en cal. et résistances en mm. d'eau.	Diamètre en mm. des conduites principales *calorifugées* $l = 10$ m ; $\Sigma\zeta = 2$																Hauteur de circulation h_0 estimée, pour les vitesses données
		39	49	57	70	82	88	100	119	143	156	169	192	218	241	264	290	
$v = 0,05$	M. cal.	4 198	6 627	8 967	13 524	18 558	21 374	27 601	39 084	56 439	67 107	78 828	101 745	128 771	160 304	192 361	232 116	1 à 3
	$\frac{v^2}{2g}\left(\frac{l\cdot\rho}{d}+\Sigma\zeta\right)$	2,15	1,75	1,55	1,25	1,15	1,05	0,95	0,85	0,75	0,75	0,65	0,55	0,55	0,55	0,55	0,55	
$v = 0,10$	M. cal.	8 381	13 230	17 902	26 999	37 049	42 671	55 102	78 027	112 674	134 091	157 371	203 121	257 075	320 026	384 025	463 894	3 à 6
	$\frac{v^2}{2g}\left(\frac{l\cdot\rho}{d}+\Sigma\zeta\right)$	6,82	5,62	5,02	4,22	3,82	3,62	3,32	2,92	2,62	2,42	2,32	2,22	2,02	1,92	1,92	1,82	
$v = 0,15$	M. cal.	12 563	19 832	26 837	40 474	55 540	63 964	82 598	116 970	168 969	201 015	235 914	301 497	385 379	479 749	575 689	694 606	6 à 10
	$\frac{v^2}{2g}\left(\frac{l\cdot\rho}{d}+\Sigma\zeta\right)$	13,69	11,39	10,09	8,09	7,69	7,39	6,79	5,99	5,59	5,19	4,89	4,59	4,39	4,09	3,99	3,79	
$v = 0,20$	M. cal.	16 777	26 483	35 836	54 047	74 166	85 416	110 299	156 196	225 552	268 426	315 028	400 610	514 616	640 633	768 747	927 623	10 à 14
	$\frac{v^2}{2g}\left(\frac{l\cdot\rho}{d}+\Sigma\zeta\right)$	22,68	18,88	16,78	14,48	12,88	12,28	11,38	10,18	9,18	8,78	8,38	7,88	7,48	7,08	6,78	6,58	
$v = 0,25$	M. cal.	20 959	33 086	44 771	67 522	92 657	106 712	137 800	195 139	281 787	335 350	393 571	507 986	642 920	800 356	960 411	1 158 898	14 à 18 m
	$\frac{v^2}{2g}\left(\frac{l\cdot\rho}{d}+\Sigma\zeta\right)$	33,57	28,07	24,97	21,57	19,27	18,47	16,97	15,27	13,77	13,17	12,67	11,87	11,27	10,77	10,37	10,07	
$v = 0,30$	M. cal.	25 157	39 713	53 738	81 046	111 217	128 086	165 401	234 223	338 226	402 517	472 390	609 731	771 600	960 060	1 152 772	1 391 014	
	$\frac{v^2}{2g}\left(\frac{l\cdot\rho}{d}+\Sigma\zeta\right)$	46,47	38,87	34,67	29,97	26,85	25,67	23,07	21,37	19,37	18,47	17,77	16,77	15,87	15,17	14,67	14,17	
$v = 0,35$	M. cal.	29 355	46 339	62 706	94 570	129 773	149 457	192 997	273 307	394 666	469 685	551 227	711 475	900 561	1 120 903	1 345 133	1 623 120	
	$\frac{v^2}{2g}\left(\frac{l\cdot\rho}{d}+\Sigma\zeta\right)$	64,19	54,19	45,79	39,59	35,69	34,09	31,49	28,4	25,69	24,69	23,69	22,39	21,29	20,39	19,69	18,99	
$v = 0,40$	M. cal.	33 538	52 942	71 640	108 045	148 261	170 754	220 498	312 250	450 900	536 609	629 770	812 851	1 028 765	1 280 686	1 536 797	1 854 405	
	$\frac{v^2}{2g}\left(\frac{l\cdot\rho}{d}+\Sigma\zeta\right)$	77,81	65,21	58,41	50,61	45,51	43,51	40,31	36,41	33,01	31,71	30,51	28,81	27,51	26,21	25,41	24,61	

N. B.— La vitesse moyenne dans un système de chauffage par l'eau chaude à basse pression s'obtient par la formule générale $M_1 h_1 + M_2 h_2 + M_3 h_3 + \ldots = (M_1 + M_2 + M_3 + \ldots)\, h_a$, dans laquelle h_a représente la hauteur moyenne de circulation du système. La vitesse v correspondant à la valeur déterminée de h_a se trouve dans la première colonne.

La différence de pression pour 1 m de hauteur de circulation, quand l'eau se refroidit de 80° à 60° C, est de 11,7 mm., pour des températures de 90° et 60°, elle est de 12,1 mm.

Les quantités M supposent que la chute de température est de 20° C ; si celle-ci est de 30° C, il faut multiplier ces valeurs par 1,5.

On peut aussi imaginer l'équilibre maintenu par une colonne d'eau de densité moyenne $\frac{\gamma_1 + \gamma_2}{2}$, de hauteur x, et de section ω, qui est équivalente à la différence de pression

$$\omega . H (\gamma_2 - \gamma_1).$$

On a alors :

$$\omega . x \left(\frac{\gamma_1 + \gamma_2}{2}\right) = \omega . H (\gamma_2 - \gamma_1)$$

d'où :

$$x = H . \left(\frac{\gamma_1 + \gamma_2}{\frac{\gamma_2 - \gamma_1}{2}}\right).$$

La quantité entre parenthèses est notée a par Rietschel, de sorte que l'on a :

$$a . H = \frac{p'}{\gamma} . H = \frac{v^2}{2g}\left(\frac{l . \rho}{d} + \Sigma \xi\right).$$

Le facteur 1 de la formule $\frac{v^2}{2g}(1 + \frac{l . \rho}{d} + \Sigma \xi)$ disparaît en effet dans ce cas spécial, parce que, dans une masse d'eau en circulation en circuit fermé, la charge $\frac{v^2}{2g}$ correspondant à la vitesse disparaît quand le régime est établi.

Les formules servant à calculer la vitesse nécessaire ne diffèrent pas de celles données précédemment.

Les phénomènes mécaniques sont aussi exactement les mêmes dans ces systèmes que dans les installations avec pompe de circulation ; en effet chaque radiateur joue le rôle de pompe, développant, par le refroidissement de l'eau pendant l'émission de chaleur, la différence de pression nécessaire pour mettre l'eau en mouvement.

On peut également imaginer l'effet de toute l'installation concentré dans un seul radiateur, se trouvant à une hauteur H_m au-dessus de la chaudière.

Si M_1, M_2, M_3, M_x, sont les débits en calories correspondant aux diverses hauteurs de circulation h_1, h_2, h_3, h_x, on a :

$$\frac{H_m \times \Sigma (M)}{\Delta} = \frac{M_1 h_1 + M_2 h_2 + M_3 h_3 + M_x h_x}{\Delta};$$

d'où :

$$H_m = \frac{M_1 h_1 + M_2 h_2 + M_3 h_3 + M_x h_x}{\Sigma (M)}$$

Les valeurs des débits et des charges calculées approximativement en se basant sur la hauteur moyenne de circulation, H_m et sur des longueurs déterminées de tuyauteries sont fournies par la table IV, dont nous allons indiquer l'emploi.

On détermine d'abord la hauteur moyenne de circulation. Par exemple :

$$h_1 = 3 \text{ m} ; M_1 = 2500 \text{ cal.}$$
$$h_2 = 7 \text{ m} ; M_2 = 3000 \text{ cal.}$$
$$h_x = \frac{2500 \times 3 \times 3000 \times 7}{5500} = 5 \text{ m.}$$

Pour $h_x = 5$, on a $v = 0,1$.

Ensuite on calcule comme dans le cas du chauffage avec pompe, avec cette condition que les résistances calculées (exprimées en mm. d'eau) doivent être plus petites que les charges réalisables. Pour des températures de l'eau de 80° et 60°, chaque mètre de hauteur de circulation donne lieu à une chute de pression de 11,7 mm.

Pour calculer plus exactement les diamètres des tuyauteries, dans le chauffage par l'eau chaude à basse pression, on se sert de l'abaque (voir l'abaque hors texte), dont les ordonnées positives représentent les pertes de charge $\frac{v^2}{2g} \cdot \frac{p}{d}$ par mètre courant, et les ordonnées négatives, les pertes $\frac{v^2}{2g}\Sigma\xi$, pour $\xi = 1, 2, 4$. (1).

Les abscisses représentent les vitesses v en mètres. Les hauteurs de charge sont exprimées en mm d'eau de densité moyenne.

Les nombres de calories inscrits s'obtiennent de la manière connue d'après les valeurs de d et de v, pour $\Delta = 20$°C. Pour $\Delta = 30$°C, ces nombres de calories doivent être multipliés par 1,5. La pression pour 1 mètre de hauteur de circulation atteint 18,3 mm au lieu de 11,7 mm d'eau de densité moyenne, quand l'eau se refroidit de 90° à 60°.

Nous traiterons l'exemple suivant pour montrer l'emploi de l'abaque.

Il s'agit de déterminer les diamètres des tuyauteries dans l'installation de chauffage par l'eau chaude à basse pression de la fig. 11, en tenant compte des calories qui y sont inscrites.

Chute de pression utile au rez-de-chaussée : $3 \times 11,7 = 35$ mm.
» » » à l'étage : $(7 - 3) \times 11,7 = 46$ mm.

A cette dernière vient encore s'ajouter l'excès de pression provenant du fait que, dans certaines circonstances, le diamètre de la tuyauterie principale est arrondi pour adopter les dimensions du commerce.

Schéma de calcul :

Les pertes dans d_2 d_3 doivent être inférieures à $\frac{35}{2 \times 20} = 0,85$ mm.

Pour $2500 + 1500 = 4000$ cal., et pour une chute de pression de 0,3 mm par mètre courant, on a $d_3 = 35$ mm et $v = 0,065$ mm.

D'autre part, on a :

Résistance de frottement	$0,3 \times 40 = 12$ mm.
Résistances particulières pour $v = 06$, et $\Sigma\xi = 4$. .	1 mm.
	13 mm.

Pour le radiateur, reste disponible $35 - 13 = 22$ mm.

Le raccordement ayant un diamètre $d_2 = 14$ mm ; pour $\Sigma\xi = 4$, et pour $l = 2 \times 2,5 = 5$ m, la perte est de 15 mm. Il reste un excès de pression de $22 - 15 = 7$ mm qui sera absorbé dans la chaudière et ses raccordements.

Pour le radiateur de l'étage, on dispose d'une charge de

$$4 \times 11,7 = 46 \text{ mm.}$$

Longueur de la conduite.	$2 \times 4 = 8$ m.
Conduite de raccordement	$2 \times 2,5 = 8$
	13 m.

Les pertes doivent être inférieures à $\frac{46}{13} = 3,5$ mm.

(1) Voir la *Revue Gesundheits-Ingenieur*, 1908, n° 11. Die Berechnung der Warmwasserheizrohre von Direktor Haller.

Pour un diamètre $d_1 = 14$ mm, on a :

Perte due au frottement.	$3 \times 13 = 39$ mm.
Perte due aux résistances ($\Sigma \xi = 4$, $v = 0.15$).	4
	43 mm.

Il en résulte qu'il faut absorber l'excès $46 - 43 = 3$ mm par étranglement.

Le calcul du tuyau de départ et de retour à la chaudière, se fait en se basant sur un débit de 9000 cal.

Nous signalerons comme cas spéciaux les dispositifs à 1 tuyau représentés à droite et à gauche de la fig. 9.

Dans le calcul de ces dispositifs particuliers, il faut tenir compte du fait que les températures de l'eau dans les divers radiateurs, dépendent l'une de l'autre.

Pour cette raison, ce système n'est pas particulièrement recommandable et nous n'en traiterons pas le calcul.

En ce qui concerne le chauffage par étage, c'est-à-dire le système de chauffage dans lequel la chaudière et les radiateurs sont au niveau d'un même étage, nous en parlerons à propos du chauffage par l'eau chaude à haute pression.

Le chauffage par l'eau chaude à basse pression trouve son emploi général dans les écoles, les hôpitaux, les serres et établissements analogues, par suite de ses avantages hygiéniques. Mais il ne convient pas pour le chauffage de locaux, à occupation temporaire, où il faut chauffer et éteindre rapidement.

Egalement dans les salles comme les restaurants, où se produisent des accroissements brusques de température et où il faut par conséquent diminuer l'émission de chaleur, le chauffage par l'eau chaude semble être peu commode, par suite de l'accumulation de chaleur dans l'eau de chauffage.

L'avantage particulier que présente le chauffage à l'eau chaude à basse pression sur celui à la vapeur, consiste dans son fonctionnement sans bruit. Les bruits qui se produisent parfois ont toujours pour cause des défauts de montage ou d'exploitation (par exemple, quand les tuyaux ne possèdent pas partout une pente ascendante en allant de la chaudière aux radiateurs et ne sont pas purgés d'air à leur extrémité) ou bien sont dus à ce que la température limite de l'eau est dépassée par suite de l'inadvertance du chauffeur.

Les températures admises pour l'eau sont les suivantes :

Départ : 80 ou 90°C
Retour : 60 ou 70°C,

en faisant abstraction des températures intermédiaires.

Les chutes de températures employées habituellement sont 20° et 30°C.

On peut admettre que la température de l'eau est constante dans le réseau de départ, ainsi que dans le réseau de retour ; hypothèse qui a été faite implicitement dans les calculs précédents.

Le vase d'expansion dans le chauffage par l'eau chaude à basse pression est muni d'un tube avertisseur de niveau d'eau, et d'un tuyau de trop plein (fig. 10 et 11) ; ces tuyaux se calculent comme nous l'avons dit Chapitre II, § 10.

Le volume du vase d'expansion est égal à 3,5 fois l'augmentation de volume de l'eau de toute l'installation par l'échauffement.

Comme 1 m³ = 1000 litres d'eau, dans le chauffage par l'eau chaude à basse pression, se dilate de 30 litres environ, il s'ensuit que le volume du vase d'expansion doit être, par mètre cube d'eau, de

$$30 \times 3{,}5 = 100 \text{ litres, soit } 10\ \%.$$

C'est pourquoi l'on dit que le volume du vase d'expansion doit être le $\frac{1}{10}$ du volume total d'eau contenue dans l'installation.

REMARQUE. — *Les défauts de fonctionnements,* — abstraction faite de ceux provenant d'un calcul défectueux des diverses parties de l'installation, — peuvent être dus aux causes suivantes :

a) Formation de poches d'air, parce que :

1° Les conduites distributrices ne sont pas en pente ascendante vers les colonnes,
2° Les radiateurs ne sont pas montés horizontalement,
3° Les tubulures de raccordement des radiateurs sont percées au centre au lieu d'être excentriques.

b) Insuffisance de température de l'eau de chauffage, par suite d'une mauvaise disposition des thermomètres, fournissant ainsi des indications fausses.

c) Manque d'eau dans le système par suite des indications fausses du tuyau avertisseur du niveau d'eau. Ce cas se produit quand la gelée forme un bouchon de glace dans le tuyau ; lors du dégel, cette glace, en fondant, provoque un écoulement d'eau, alors cependant qu'il manque de l'eau dans le système.

§ 5. — Chauffage par l'eau chaude à haute pression.

Comme dans le chauffage par l'eau chaude à basse pression, le chauffage par l'eau chaude à haute pression se base sur l'émission de chaleur par l'eau en voie de refroidissement. Si par exemple, M. calories doivent être émises par heure, pour une chute de température de 150 — 80 = 70°C, il faudra un poids d'eau égal à $\frac{M}{70}$.

Ce poids correspond à un volume

$$\frac{M}{70} \cdot \frac{1}{\frac{(\gamma_1 + \gamma_2)}{2} 1000} \text{ m}^3.$$

Si l'on admet que l'eau a une densité moyenne $\frac{\gamma_1 + \gamma_2}{2}$, correspondant aux températures 150 et 80°C.

Si l'eau émettant la chaleur dans le radiateur, s'écoule à la vitesse v m/sec dans un tuyau de diamètre d, on a :

$$v = \frac{M}{100 \times 70 \times 3600 \times \frac{\pi d^2}{4} \left(\frac{\gamma_1 + \gamma_2}{2}\right)}$$

Comme l'installation de chauffage par l'eau chaude à haute pression est constituée par un tuyau Perkins de diamètre constant $d = 0{,}023$ m, on a, en introduisant les valeurs $\gamma_2 = 0{,}97$, et $\gamma_1 = 0{,}92$:

$$v = \frac{M}{1400 \times 70} = \frac{M}{100000}.$$

En d'autres termes, pour débiter M calories par heure dans un système de chauffage Perkins, pour une chute de température de 150°C à 80°C, la vitesse de circulation doit atteindre la valeur $v = \frac{M}{100\,000}$.

La réalisation de cette vitesse dépend des charges disponibles et de la longueur du système, en supposant que les courbes de tuyaux ont un rayon égal à 5 fois le diamètre du tuyau, ce qui entraîne comme conséquence $\Sigma \xi = o$. Si l'on admet que le chauffage par l'eau chaude à haute pression est soumis aux mêmes conditions d'équilibre que le chauffage à basse pression, on a :

$$\frac{p'}{\gamma} . H = a . H = \frac{v^2}{2g} . \frac{L . \rho}{d}, \text{ pour } \Sigma \xi = o;$$

et :

$$\frac{p'}{\gamma} . H = a . H = \frac{v^2}{2g} \left(\frac{L . \rho}{d} + \Sigma \xi \right)$$

dans le cas où des résistances (robinets à 3 voies) sont intercalées dans le réseau de conduites.

Dans ces formules, H représente la hauteur de circulation, et L la longueur totale du système de tuyauteries. Les autres notations ont été indiquées à propos du chauffage par l'eau chaude à basse pression.

La hauteur de circulation H nécessaire pour atteindre la vitesse exigée se calcule, d'après ce que nous avons dit plus haut, par la formule

$$H = \frac{v^2}{2g} . \frac{L . \rho}{d} . \frac{1}{a}$$

ou

$$H = \frac{v^2}{2g} \left(\frac{L . \rho}{d} + \Sigma \xi \right) \frac{1}{a}.$$

En remplaçant d, g, et a par les valeurs connues, et en adoptant pour ρ une valeur constante 0,04 (ce qu'on peut faire en pratique sans grosses erreur), on a finalement

$$H = v^2 \times 1{,}5 \text{ L}$$

ou

$$H = v^2 (1{,}5 \text{ L} + 0{,}865 \, \Sigma \xi).$$

La longueur L est égale à la somme de la longueur des tuyauteries dans le bâtiment et de celle du serpentin (dans le foyer).

En ce qui concerne le serpentin du foyer, on peut compter sur un rendement de 5000 calories par m² de surface de chauffe ; pour les serpentins chauffant les locaux, on peut fixer à 1000 cal. par m² leur rendement. La plupart du temps on peut négliger l'émission de chaleur dans les tuyauteries calorifugées.

Ces chiffres supposent que la température des gaz brûlés est de 1200°C sur la grille, et de 273°C dans la cheminée ; que l'eau est à 150°C dans le départ, et à 80° dans le retour ; que la température des locaux est de 20°C et enfin que les serpentins radiateurs ne sont pas cachés par une enveloppe. Si ces serpentins sont enveloppés, leur rendement est diminué de 10 %.

Remarquons, en outre, que chaque mètre courant de tuyau Perkins possède une surface extérieure d'01^{m2} ; il en résulte que la longueur du serpentin de foyer, pour développer M calories, doit atteindre

$$\frac{M}{0,1 \times 5000} = \frac{M}{500} \text{ mètres ;}$$

la longueur des serpentins radiateurs sera

$$\frac{M}{100} \text{ mètres.}$$

Si les serpentins radiateurs se trouvent à différents étages, il y a diverses hauteurs de circulation h_1, h_2 ; on peut alors imaginer que la somme des calories est émise par un radiateur central, avec une hauteur moyenne de circulation H_x. Ce radiateur agit comme une pompe qui communique à l'eau la vitesse v. Sa puissance, $\frac{M}{70} \cdot H_x$ doit être égale à celle des divers radiateurs $\frac{M_1 h_1}{70}$, $\frac{M_2 h_2}{70}$.

Or, on a $$M_1 + M_2 = M.$$

$$(M_1 + M_2) H_x = M_1 h_1 + M_2 h_2.$$

Donc

$$H_x = \frac{h_1 M_1 + h_2 M_2}{M_1 + M_2} = 1,5\, v^2 \cdot L,$$

ou

$$\frac{h_1 M_1 + h_2 M_2}{M_1 + M_2} = v^2 (1,5\, L + 0,865\, \Sigma\, \xi)$$

La répartition des radiateurs entre les différents locaux doit se faire en remarquant que la température moyenne du radiateur dépend de la chaleur émise. Si la chute de température entre le départ et le retour reste constamment égale à 150 — 80 = 70 C, et si l'on prend le coefficient de transmission de la chaleur égal à 11,5, les chutes de température relatives aux calories M_1, M_2, M_3, sont

$$\frac{M_1}{M_1 + M_2 + M_3} \cdot 70 = \Delta_1 \quad \text{(I)}$$

$$\frac{M_2}{M_1 + M_2 + M_3} \cdot 70 = \Delta_2 \quad \text{(II)}$$

$$\frac{M_3}{M_1 + M_2 + M_3} \cdot 70 = \Delta_3 \quad \text{(III)}$$

On détermine alors facilement la température moyenne t_m du radiateur, façon que le rendement de la surface chauffante, pour une température dans le local, soit égal en général à

$$(t_m - t_i)\ 11,5 \text{ par m}^2.$$

Exemple : Une installation de chauffage par l'eau chaude à haute pression doit fournir par heure 10000 calories au moyen de 3 serpentins de 2000 cal. (I), 3000 cal. (II), et 5000 cal. (III), disposés au même étage.

Déterminer les éléments du système.

La vitesse nécessaire de l'eau est :

$$v = \frac{10000}{100000} = 0{,}1 \text{ m.};$$

la hauteur de circulation doit être :

$$H = \overline{0{,}1}^2 \times 1{,}5 \times L = 2^m{,}25,$$
$$\text{pour } L = 150 \text{ mètres.}$$

La longueur du serpentin du foyer est

$$\frac{10000}{500} = 20 \text{ m.}$$

Les serpentins radiateurs ont une longueur totale de

$$\frac{10000}{100} = 100 \text{ mètres.}$$

La tuyauterie de jonction mesure 30 m. d'après les dimensions du bâtiment.

Les chutes de température, dans les divers radiateurs, sont les suivantes :

(II). $$\frac{2000}{10000} \times 70 = 14^\circ C.$$

(I). $$\frac{3000}{10000} \times 70 = 21^\circ C.$$

(III). $$\frac{5000}{10000} \times 70 = 35^\circ C.$$

Les températures moyennes des serpentins radiateurs sont :

(I) $$\frac{150 + (150 - 14)}{2} = 143^\circ C$$

(II) $$\frac{136 + (136 - 21)}{2} = 125{,}5^\circ C$$

(III) $$\frac{115 + (115 - 35)}{2} = 97{,}5^\circ C.$$

Il en résulte que le rendement spécifique des radiateurs est le suivant :

(I) $(140 - 20)\ 11{,}5 = 1400$ cal./m²

(II) $(125{,}5 - 20)\ 11{,}5 = 1100$ cal./m²

(III) $(97{,}5 - 20)\ 11{,}5 = 870$ cal/m².

Les longueurs de ces serpentins radiateurs sont donc :

(I) $\frac{2000}{0,1 \times 1400} = 15$ m.

(II) $\frac{3000}{0,1 \times 1100} = 27,5$ m.

(III) $\frac{5000}{0,1 \times 870} = 57,5$ m.

Total 100,0 m.

On peut utiliser l'abaque, dans lequel les ordonnées positives représentent les valeurs $1,5\ v^2\ L = H$, et les abscisses les longueurs totales du système échelonnées de 10 en 10 mètres, (la tuyauterie de raccordement variant de 10 à 50 m.).

Dans le cas de l'exemple traité, pour un débit de 10000 cal., et une longueur L = 150 m., on obtient immédiatement la hauteur de circulation 2,25 m sans devoir faire de calcul.

On doit déterminer séparément les longueurs du serpentin de foyer, des serpentins radiateurs, et des tuyaux de raccordement. Comme le montre l'abaque, pour un même débit, la hauteur de circulation diminue en même temps que la longueur totale de la tuyauterie.

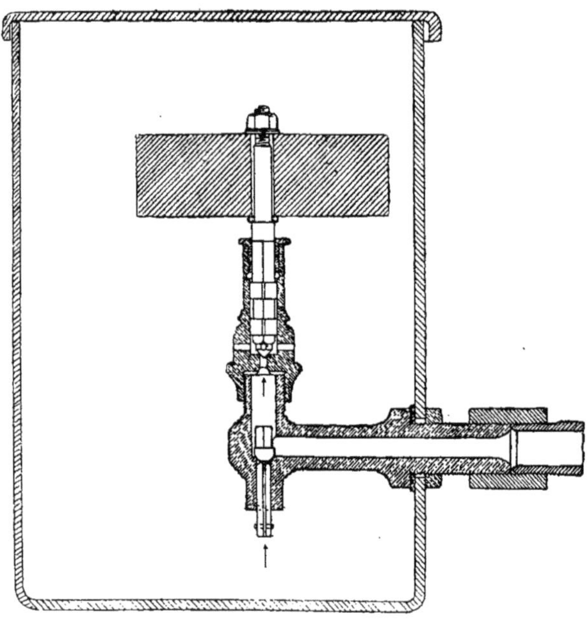

Fig. 12. — Soupape d'expansion.

Si la hauteur de circulation déterminée est trop grande pour les dimensions du bâtiment, il faut subdiviser le système de chauffage.

Chaque partie se calcule d'après les mêmes principes.

Pour parer à la dilatation de l'eau contenue dans l'installation, on dispose un vase d'expansion avec soupape de refoulement et soupape d'aspiration (fig. 12) ou bien un réservoir d'air (fig. 13).

Les deux dispositifs ont pour but, tout en maintenant la pression correspondant à la haute température de l'eau, de permettre la dilatation de l'eau lors de son échauffement, et sa rentrée dans le système lors de son refroidissement.

La fig. 14 représente un robinet obligeant l'eau à suivre un trajet brisé pour séparer l'air qui pourrait s'accumuler dans les tuyaux montants et descendants.

Pour éviter la congélation dans les tuyaux qui ont un faible diamètre, on remplit le système, au 1/3 de sa contenance, au moyen d'alcool.

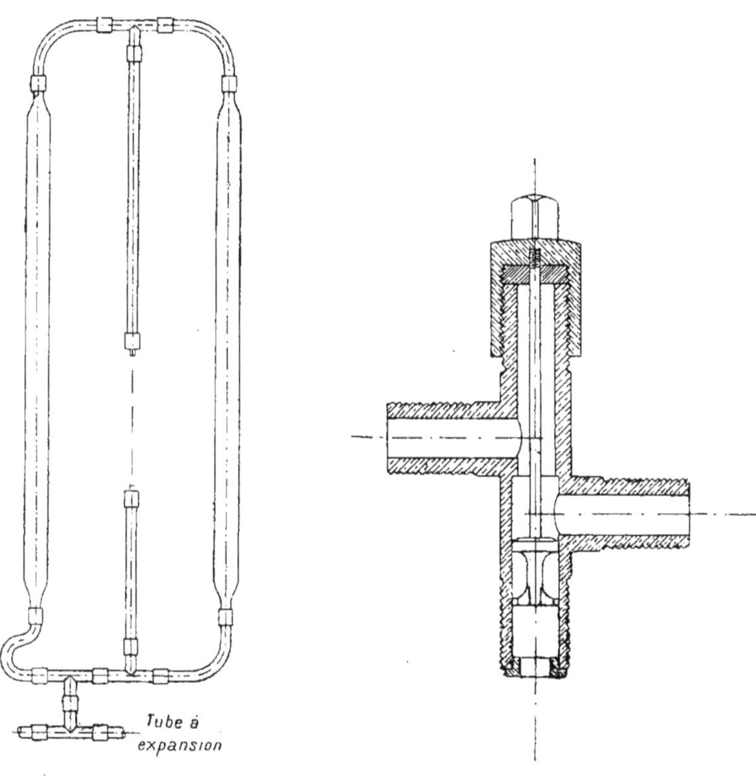

FIG. 13. FIG. 14.

§ 6. — Chauffage mixte par la vapeur et l'eau chaude à basse pression.

Le chauffage mixte par la vapeur et l'eau chaude à basse pression fonctionne comme le chauffage par l'eau chaude à basse pression, avec cette différence que l'eau est chauffée, non pas directement par un foyer, mais indirectement par un serpentin à vapeur. Ce dernier doit être subdivisé en plusieurs groupes isolables de façon à pouvoir régler la température de l'eau chaude autant que possible à la demande de la consommation de calories dans les locaux.

Un réglage de l'espèce est possible entre certaines limites, mais jamais il n'est général comme c'est le cas dans le chauffage par l'eau chaude à basse pression avec foyer.

Les régulateurs de température qui agissent sur les robinets de vapeur et d'eau de condensation ne fonctionnent pas avec certitude, car leur efficacité dépend du frottement de la boîte à bourrage.

Pour diminuer celui-ci, on emploie des bourrages métalliques dans lesquels le pointeau du robinet est rodé.

Le chauffage par la vapeur et l'eau chaude à basse pression trouve son application dans les bâtiments où, par suite de leur grande étendue, le chauffauge par l'eau chaude à basse pression à circulation par thermosiphon ou par pompe n'est pas économique. On y recourt également, pour des raisons pratiques, dans les constructions dont certaines parties, comme les arrières-maisons, doivent être chauffés par la vapeur, tandis que le bâtiment de façade est chauffé par l'eau chaude, et qu'on doit renoncer à installer une chaudière spéciale pour l'eau chaude.

Dans les systèmes de cette espèce, par suite de la non possibilité de réglage général, il faut s'attendre à un crachement plus ou moins fréquent de la chaudière.

Quand on emploie des chaudières à vapeur en fonte, très sensibles au manque d'eau, cette particularité du chauffage par la vapeur et l'eau chaude n'est pas sans gravité ; en effet, suivant le cas, les dégradations à la chaudière peuvent réduire l'exploitabilité de l'installation.

Mais, même avec les chaudières en tôle de fer, l'expérience a montré que des fluctuations de température causées par la fréquence des crachements peuvent provoquer, au bout de quelques années, le relâchement des rivures.

En général il faudra donc examiner avec soin le pour et le contre lors du choix de ce système mixte de chauffage.

§ 7. — Chauffages par l'eau chaude à circulation accélérée.

Le chauffage à circulation accélérée a pour but de réaliser, dans le système de chauffage, une pression hydromotrice plus grande à l'effet de pouvoir en premier lieu diminuer le diamètre des tuyaux.

En deuxième lieu on peut faire varier les chutes de charge dans de plus grandes limites que dans le système de chauffage par thermosiphon, et leur donner les valeurs qui conviennent au fonctionnement du système. L'augmentation de la chute de charge est obtenue, soit en diminuant le poids spécifique de l'eau dans le départ, par mélange avec des bulles de vapeur ou d'air, soit en intercalant une pompe dans le circuit.

Dans le premier système (mélange d'eau et vapeur), le réglage général de la température est limité. Il est soumis aux mêmes conditions que le chauffage mixte par la vapeur et l'eau chaude ; ce qui n'est pas le cas pour le système dans lequel l'eau est mélangée d'air, où le fluide moteur (l'air) ne provoque aucun échauffement de l'eau.

Dans le chauffage par l'eau chaude avec pompe, on peut modifier la température de l'eau indépendamment de la charge de fonctionnement, et on peut également faire varier celle-ci à volonté.

La pompe doit être actionnée par un moteur réglabe de façon que, lorsque le débit diminue (par exemple, par la fermeture brusque de groupes importants de radiateurs), l'installation fonctionne sans bruit.

Les pompes centrifuges électriques conviennent en général pour résoudre le problème.

Faisons remarquer qu'il n'est pas absolument nécessaire d'intercaler la pompe dans le réseau de tuyauteries.

La pompe peut également refouler l'eau de chauffage dans un réservoir disposé au sommet de l'installation (voir fig 8), d'où elle s'écoule vers les radiateurs, en traversant éventuellement la chaudière à eau chaude. On recourt à des dispositifs de l'espèce pour le chauffage de fabriques, où l'on dispose d'eau chaude résiduelle.

Par contre, dans les habitations, on adoptera autant que possible le système de chauffage par l'eau chaude à basse pression à circulation par thermosiphon, à moins que les dispositions architectoniques ne s'y opposent.

Le calcul du réseau de conduites d'un chauffage à circulation accélérée s'effectue comme dans le chauffage par thermosiphon ; il suffit d'introduire dans les formules la charge hydromotrice augmentée.

Dans l'abaque, les ordonnées positives représentent les résistances spécifiques de frottement, et les ordonnées négatives, les résistances de mouvement pour $\Sigma\xi = 1, 2, 3, 4$ et $v = 0{,}5$ ou 1 m.

Dans les installations qui fonctionnent à circuit ouvert (installations à réservoir), il faut, en établissant les conditions d'équilibre, remarquer que la pompe doit, outre les charges correspondant aux frottements et aux résistances de mouvement, développer la charge correspondant à la perte de vitesse dans le réservoir.

Donc, la charge à produire est :

$$H = \frac{v^2}{2g}\left(1 + \frac{l.\rho}{d} + \Sigma\xi\right).$$

La puissance de la pompe se calcule par la formule :

$$\frac{M.\,H}{\Delta \times 3600 \times 75 \times \eta} \text{ en HP.}$$

dans laquelle Δ représente la chute de température adoptée pour l'eau.

Il est évident que la puissance de la pompe croît avec la charge, et que celle-ci augmente proportionnellement au carré de la vitesse choisie pour l'eau. En choisissant le diamètre des tuyaux, on peut donc agir sur la consommation d'énergie.

Afin d'employer des tuyaux de faible diamètre, on répartira la principale perte de charge dans les tuyauteries extérieures, précisément là où les pertes de chaleur ne peuvent être récupérées pour le bâtiment Dans le calcul des conduites intérieures, on fera bien d'adopter de faibles vitesses de circulation, 0,5 m. environ ; sinon on se heurterait à des difficultés pour réaliser, dans les raccordements des radiateurs, le réglage de la vitesse nécessité par le fait qu'on arrondit les dimensions des tuyauteries pour adopter celles du commerce. Même dans ces conditions, la fermeture de groupes importants de radiateurs peut provoquer des perturbations dans le système, par suite de l'arrachement des filets d'eau. Dans les conduites extérieures, il convient d'adopter une vitesse de l'eau égale à 1 m.

Ajoutons que l'augmentation de la vitesse de l'eau dans les radiateurs ne présenterait aucun avantage, car cet élément, fonction de la chaleur à émettre et de la section du radiateur, est limitée.

Si l'on veut, pendant la nuit, mettre la pompe hors-circuit, il faut avoir soin de calculer la tuyauterie de façon à éviter un refroidissement excessif de l'eau dans tout le système par suite de la circulation, en supposant que la température extérieure est de 0° C.

On est d'ailleurs alors lié par des relations déterminées entre les chutes de charge, et partiellement dispensé de tenir compte des avantages inhérents aux tuyauteries de faible diamètre.

§ 8. — Généralités sur le chauffage par la vapeur.

Le mode d'action de tous les chauffages par la vapeur est basé sur le principe de l'utilisation de la chaleur rendue libre par la condensation de la vapeur d'eau.

Suivant la valeur de la tension, on distingue le chauffage de la vapeur à haute pression, et le chauffage par la vapeur à basse pression.

Les questions concernant la chaudière, les radiateurs et les organes spéciaux, seront traitées dans les paragraphes suivants.

En ce qui concerne les tuyauteries, on utilise pour tous les systèmes de chauffage par la vapeur, la relation

$$\omega . v \times 3600 . \gamma = Q + Q'$$

avec les notations suivantes :

ω = section du tuyau en m².
v = vitesse de la vapeur en m/sec.
γ = poids d'1 m³ de vapeur en kgs.
Q = quantité de vapeur utile en kgs.
Q' = quantité de vapeur nuisible (perte par condensation).

De cette formule on déduit la vitesse que la vapeur doit atteindre pour débiter une quantité déterminée de chaleur

$$v = \frac{Q + Q'}{3600\, \omega \gamma}.$$

Les pertes calorifiques des tuyaux calorifugés et nus ont été déterminées par des essais précis de *Rietschel*. En moyenne, dans les installations de chauffage par la vapeur ayant les proportions usuelles, on peut admettre une perte par condensation par mètre courant, de $2^k,5$ pour les tuyaux nus et 1 kg, pour les tuyaux calorifugés.

Les différences de température entre la vapeur et l'air sont supposées jouer un rôle subordonné.

Le poids spécifique γ de la vapeur peut être considéré comme constant dans le chauffage par la vapeur à basse pression, où la pression est en moyenne de 0.1 atm.

Dans le chauffage à haute pression, par contre, la valeur de γ varie dans de larges limites (voir chapitre III, § 8), et doit être déterminée dans chaque cas particulier.

La vitesse possible de la vapeur dans une canalisation donnée, avec une variation de pression déterminée, vitesse qui doit être égale à la vitesse nécessaire v, est donnée par la formule :

$$v = \sqrt{\frac{2gpl}{\gamma(R+1)}}$$

dans laquelle R représente la perte de charge par frottement exprimée en mètres de colonne de vapeur.

On fait abstraction des coefficients de résistance en observant que leur influence sur les résultats du calcul est faible et que les pertes de charges correspondantes sont compensées par le fait qu'on arrondit les diamètres calculés en adoptant ceux du commerce.

Dans le calcul de la chute de pression p, la perte par frottement R est d'une importance capitale. On calcule cette perte par la formule :

$$R = \frac{v^2}{2g} \cdot l \cdot \frac{\rho}{d} \quad \text{en mètres de vapeur,}$$

$$\text{ou} \quad R = \frac{v^2}{2g} \cdot l \cdot \frac{\rho}{d} \cdot \gamma \quad \text{mm. d'eau, ou kg/m}^2.$$

Pour le calcul des diamètres de tuyauteries dans le chauffage par la vapeur à haute et basse pression, en fonction du débit de chaleur et de la chute de tension, *Rietschel* a dressé et publié des tables complètes.

Remarquons qu'il serait tout à fait défectueux de donner aux tuyauteries de vapeur des dimensions exagérées.

Pour un même débit de chaleur, la perte par condensation dans un tuyau, croît quand le diamètre augmente, et il s'ensuit une diminution de vitesse de la vapeur ; dans ce cas on se prive également de l'avantage de la surchauffe, c'est-à-dire du séchage de la vapeur qui se produit avec les grandes vitesses par suite de la réduction de la tension.

D'après des essais récents d'*Eberle*, le coefficient de frottement usité pour l'écoulement de la vapeur est supérieur de 40 % à la valeur qu'il a trouvée expérimentalement, de sorte que la méthode de calcul connue jusqu'à ce jour conduit à des tuyaux de diamètres trop forts. Cependant, comme dans les tuyauteries de vapeur doit circuler, non pas seulement de la vapeur, mais aussi de l'eau de condensation en proportions plus ou moins grandes, il convient parfaitement de donner aux tuyaux un diamètre plus fort que ne l'exige la circulation de la vapeur seule.

§ 9. — Chauffage par la vapeur à basse pression.

Le mode d'action du chauffage par la vapeur à basse pression repose sur un procédé de circulation dans lequel la vapeur, amenée dans les radiateurs, s'y condense en émettant de la chaleur, après quoi l'eau de condensation retourne au générateur pour y subir une nouvelle transformation en vapeur.

Le système comprend donc en principe une chaudière à vapeur, une tuyauterie de vapeur, une tuyauterie d'eau de condensation ou de retour, et les radiateurs ainsi que des accessoires.

La tuyauterie de vapeur est munie, aux changements de pente, ou au débouché de colonnes montantes, des boucles pour purge d'eau, comme l'indiquent les croquis 15 et 16.

Ces boucles ont pour but de purger d'eau de condensation la tuyauterie de vapeur sans perdre simultanément de la vapeur.

Le passage de la vapeur dans la conduite d'eau de condensation est empêché par la colonne d'eau formée dans la boucle, à la condition que la pression hydrostatique de la colonne soit égale à la tension de la vapeur.

En pratique on donne à ces boucles une hauteur égale au double de la pression de fonctionnement exprimée en mètres d'eau.

Au point le plus bas de la conduite de retour, on dispose, pour purger d'air tout le système, un échappement, à moins qu'on n'établisse une canalisation spéciale de purge d'air dans ce but (voir les schémas 15 et 16). Comme la vapeur possède un poids spécifique inférieur à celui de l'air, elle a naturellement une tendance à se superposer à l'air ; de sorte que si l'on ne prévoit pas une purge d'air convenable, les radiateurs restent froids.

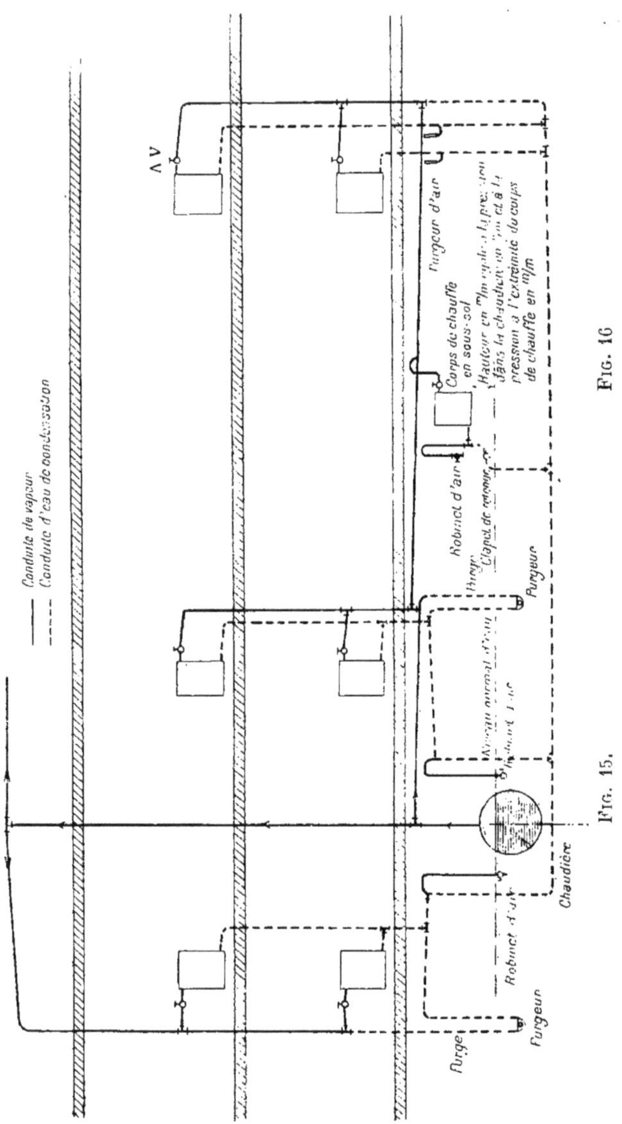

FIG. 15.

FIG. 16

Chaque radiateur est muni d'un robinet pour graduer l'entrée de la vapeur, ou pour mettre le radiateur complètement hors circuit. Le dispositif de réglage et celui d'arrêt doivent être combinés dans le robinet de façon que lors du fonctionnement du dispositif d'arrêt, la section de passage réglée diminue simultanément.

Si, comme c'est le cas dans beaucoup de robinets, les deux phénomènes ne sont pas simultanés, le robinet a un jeu inutile jusqu'au moment où sa faculté de réglage entre en fonction.

C'est par exemple le cas pour le robinet de la fig. 17.

Le robinet de la fig. 18 n'offre pas cet inconvénient; car, si l'on modifie la levée du pointeau en intercalant la pièce de réglage munie d'un filet à pas différent, son fonctionnement n'est pas influencé par la limitation de la levée. L'indication de l'index sur le disque gradué reste toujours le même.

En ce qui concerne la pression de fonctionnement qu'il convient d'adopter, dans une installation de chauffage par la vapeur à basse pression, elle ne peut être supérieure, exprimée en mètres d'eau, à la distance verticale entre le niveau moyen d'eau et l'échappement de purge d'air.

Pratiquement, pour tenir compte des fluctuations possibles du niveau d'eau dans la chaudière, il est bon de choisir une pression inférieure ; si cette distance verticale est de 1 m., on adoptera une pression de 0,5 m. d'eau pour calculer les tuyauteries de vapeur. Lorsque la purge d'air se fait par

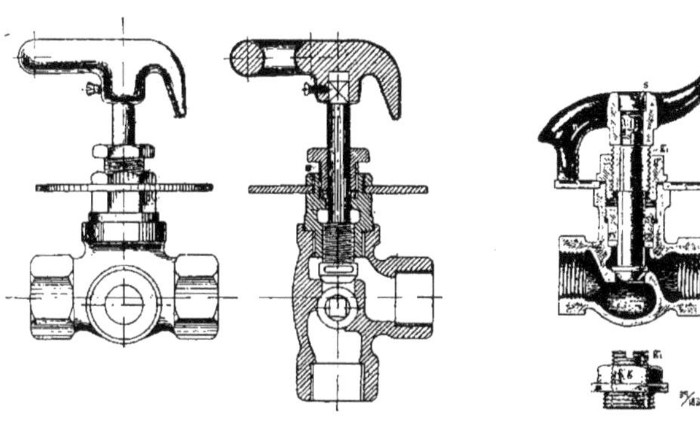

FIG. 17. FIG. 18.

le haut, par prolongation verticale, jusqu'au toit, de la conduite de retour, la pression de vapeur peut être choisie relativement faible. Mais un pareil système échappe à un contrôle général en vue de déterminer les fuites de vapeur éventuelles provenant de la fermeture non hermétique des robinets des radiateurs.

Pour la conduite de retour on prend un diamètre égal à 0,3 ou 0,5 fois le diamètre de la conduite de vapeur correspondante, suivant qu'il existe une canalisation séparée de purge d'air ou que la canalisation de retour sert en même temps pour la purge d'air. Les dimensions obtenues en appliquant cette règle aux tuyaux d'eau de condensation sont suffisantes, si l'on songe que la vapeur à 100°C occupe un volume 1600 fois environ plus grand que celui de l'eau correspondante.

Le meilleur matériau pour constituer la conduite de retour est le cuivre ; le fer, employé habituellement, a une tendance à la rouille, et ne se conserve pas bien.

La jonction des bouts de tuyaux en cuivre se fait par filetage ou par brides. Le premier procédé demande un ajustage soigné, pour éviter que l'excès de soudure ne vienne pas modifier le contact des faces dressées.

Les bifurcations se réalisent le mieux par des tubulures en cuivre brasées.

Aux endroits où les dégradations sont à craindre, on doit protéger particulièrement les tuyaux en cuivre, eu égard à la faible épaisseur des parois dans les tuyaux usuels.

Il y a lieu de s'abstenir de polir les tuyaux en cuivre (comme on le fait souvent), car il est inutile et nuisible d'enlever la pellicule protectrice d'oxyde qui se forme à la surface.

Au point de vue de son emploi général, le chauffage par la vapeur à basse pression n'a pas la même valeur que le chauffage par l'eau chaude à basse pression, par le fait qu'il n'est pas susceptible d'un réglage général.

Mais il est préféré, par suite de prix peu élevé, là où l'on ne tient pas absolument à un chauffage uniforme et sans bruit.

Dans une installation de chauffage par la vapeur à basse pression, quand un groupe important de radiateurs est mis hors circuit en une fois, comme il n'est pas possible de faire varier la pression de vapeur en fonction de la demande de chaleur, il doit se produire un forcement des autres radiateurs qui entraîne des chocs dans la conduite de retour.

On a essayé d'éviter cet inconvénient en munissant chaque radiateur d'une conduite de retour séparée débouchant sous le niveau de l'eau dans la chaudière.

Mais il faudrait y adjoindre, pour la purge d'air, des purgeur automatiques permettant la sortie de l'air, mais pas celle de la vapeur.

Par suite du mode d'action peu satisfaisant de ces purgeurs, le système est encore rarement employé.

D'après ce que nous avons dit, l'installation de chauffage par la vapeur à basse pression constitue un système ouvert dans lequel les surpressions éventuelles peuvent être équilibrées.

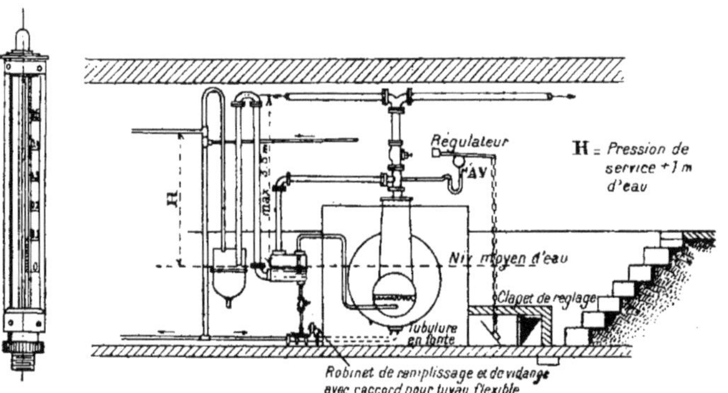

Fig. 19.

Pour augmenter la sécurité, les règlements administratifs imposent le placement d'un tube d'équilibre (fig. 19) qui, par suite de la sortie d'une masse d'eau obturatrice sous l'action d'une surpression, permet l'échappement de la vapeur dans la chaufferie. Il n'est pas recommandé de faire déboucher à l'air libre le tuyau d'échappement ; car ainsi on accentue la négligence du personnel chauffeur.

Il suffit de disposer ce tuyau d'échappement de façon que le chauffeur ne puisse être échaudé par la projection d'eau et de vapeur. On compte sur une section de tube d'équilibre de 420 mm² par m² de surface de chauffe de chaudière ; cependant on ne dépasse pas 80 mm comme diamètre.

Le calcul des diamètres de tuyaux de vapeur se fait au moyen de la table V.

Table des diamètres de tuyaux pour le chauffage par la vapeur à basse pression

Table V.

v en m		14	20	25	34	39	49	57	64	70	82	88	100	119	143	159	169	192	216	241	264	290	Diamètres des tuyaux en m/m
20	ω. v. 3600. γ. 540	3 718	7 630	11 930	22 064	29 038	45 828	62 014	78 164	93 506	128 328	147 792	190 852	270 264	390 282	446 446	545 098	703 558	890 450	1 108 404	1 330 158	1 605 064	Cal. totales
30	"	5 577	11 445	17 895	33 096	43 557	68 742	93 021	117 264	140 259	192 492	221 688	286 278	465 396	585 423	696 669	817 647	1 055 337	1 335 675	1 662 741	1 995 237	2 407 596	
40	"	7 436	15 260	23 860	44 128	58 076	91 656	124 028	156 348	187 012	256 656	295 584	381 704	540 528	780 564	928 892	1 090 196	1 407 116	1 780 900	2 216 988	2 660 316	3 210 128	
50	"	9 295	19 075	29 825	55 160	72 595	114 570	155 035	195 435	233 765	320 820	369 480	477 130	675 660	975 705	1 161 115	1 362 745	1 758 895	2 226 125	2 771 235	3 325 395	4 012 660	
60	"	11 154	22 890	35 790	66 192	87 114	137 484	186 042	234 522	280 518	384 984	443 376	572 556	810 792	1 170 846	1 393 338	1 635 294	2 110 674	2 671 350	3 325 482	3 990 474	4 815 192	
70	"	13 013	26 705	41 755	77 224	101 633	160 398	217 049	273 609	327 271	449 148	517 272	667 982	945 924	1 365 987	1 625 561	1 907 843	2 462 453	3 116 575	3 879 729	4 655 553	5 617 724	
80	"	14 872	30 520	47 720	88 256	116 152	183 312	248 056	312 696	374 024	513 312	591 168	763 408	1 081 056	1 561 128	1 857 784	2 180 392	2 814 232	3 561 800	4 433 976	5 320 632	6 420 256	
90	"	16 731	34 335	53 685	99 288	130 671	206 226	279 063	351 783	420 777	577 476	665 064	858 834	1 216 188	1 756 269	2 090 007	2 452 941	3 166 011	4 007 025	4 988 223	5 985 711	7 222 788	
100	"	18 590	38 150	59 650	110 320	145 190	229 140	310 070	390 870	467 530	641 640	738 960	954 260	1 351 320	1 951 410	2 322 230	2 725 490	3 517 790	4 452 250	5 542 470	6 650 790	8 025 320	
Nus	Tuyaux l = 5 m	450	600	780	985	1 130	1 390	1 485	1 650	1 675	2 095	2 240	2 545	2 995	3 580	3 890	4 125	4 785	5 395	5 680	6 575	7 185	Pertes par condensation
Calorifugés		90	120	156	197	226	278	297	330	335	419	448	509	599	716	778	839	957	1 079	1 136	1 315	1 437	
v = 20	M. I*	3 268	7 030	11 150	21 079	27 908	44 438	60 529	70 524	91 831	126 233	145 552	188 307	267 266	386 702	460 556	540 903	698 773	885 055	1 102 814	1 323 583	1 597 879	Cal. utilisables = Cal. totales — Cal. perdues par condensation
	M. II	3 628	7 510	11 774	21 867	28 812	45 550	61 717	77 840	93 174	127 909	147 344	190 343	269 665	389 556	463 668	544 259	702 601	880 371	1 107 358	1 328 843	1 603 627	
	$\frac{v^2}{2g}\left(1+\frac{l.\rho}{d}+\Sigma\zeta\right)$	158	118	99	80	73	64	58	54	51	48	46	44	41	38	37,5	36,5	35	34	33	32,5	32	
30	M. I	5 127	10 845	17 115	32 114	42 427	67 352	91 536	115 611	138 684	190 397	219 448	283 733	402 401	581 843	692 779	813 482	1 050 562	1 330 280	1 657 064	1 988 662	2 400 411	
	M. II	5 487	11 325	17 739	32 899	43 331	68 464	92 724	116 931	139 924	192 073	221 240	285 769	404 797	584 707	695 891	816 808	1 054 380	1 334 596	1 661 805	1 993 922	2 406 159	
	$\frac{v^2}{2g}\left(1+\frac{l.\rho}{d}+\Sigma\zeta\right)$	354	265	224	180	164	143	131	122	115	108	105	99	92	86	84	82	79	77	75	73	72	
40	M. I	6 986	14 660	23 080	43 143	56 946	90 266	122 543	154 698	185 337	254 561	293 344	379 159	537 533	778 984	925 002	1 086 001	1 402 331	1 775 505	2 211 308	2 653 741	3 202 943	
	M. II	7 346	15 140	23 704	43 934	57 850	91 378	123 731	156 018	186 677	256 237	295 136	381 195	539 929	779 848	928 114	1 089 357	1 406 159	1 779 821	2 215 852	2 659 001	3 208 691	
	$\frac{v^2}{2g}\left(1+\frac{l.\rho}{d}+\Sigma\zeta\right)$	632	472	396	320	292	256	232	216	204	192	184	176	164	152	150	146	140	136	132	130	128	
50	M. I	8 845	18 475	29 045	54 175	71 465	113 180	153 550	193 785	232 090	318 725	367 240	474 585	672 665	972 125	1 157 225	1 358 530	1 754 110	2 220 730	2 765 565	3 318 820	4 005 475	
	M. II	9 205	18 955	29 669	54 963	72 369	114 292	154 738	195 105	233 430	320 401	369 032	476 621	675 061	974 080	1 160 337	1 361 906	1 757 938	2 225 046	2 770 099	3 324 080	4 011 223	
	$\frac{v^2}{2g}\left(1+\frac{l.\rho}{d}+\Sigma\zeta\right)$	988	738	619	500	456	400	363	338	349	300	288	275	256	238	234	228	219	213	206	203	199	
60	M. I	10 704	22 290	35 010	65 207	85 984	136 094	184 557	232 872	278 843	382 889	441 136	570 011	807 797	1 167 266	1 389 448	1 631 090	2 105 889	2 665 955	3 319 802	3 983 899	4 808 007	
	M. II	11 064	22 770	35 634	65 995	86 888	137 206	185 745	234 192	280 183	384 565	442 928	572 047	810 193	1 170 430	1 392 560	1 634 455	2 109 717	2 670 271	3 324 346	3 989 159	4 813 755	
	$\frac{v^2}{2g}\left(1+\frac{l.\rho}{d}+\Sigma\zeta\right)$	1 418	1 062	894	720	657	576	522	486	459	243	414	396	369	342	338	339	315	306	297	293	288	
70	M. I	12 563	26 105	41 075	76 239	100 503	159 008	215 564	271 959	325 596	447 053	515 032	665 437	942 929	1 362 407	1 624 671	1 903 648	2 457 668	3 111 180	3 874 049	4 648 978	5 610 539	
	M. II	12 923	26 585	41 599	77 027	101 407	160 120	216 752	273 279	326 936	448 729	516 824	667 473	945 325	1 365 271	1 624 783	1 907 004	2 461 496	3 115 490	3 878 503	4 654 328	5 616 287	
	$\frac{v^2}{2g}\left(1+\frac{l.\rho}{d}+\Sigma\zeta\right)$	1 936	1 446	1 213	980	894	784	711	662	625	588	564	539	502	466	469	447	429	417	404	398	392	
80	M. I	14 422	29 920	46 940	87 271	115 022	181 922	246 671	311 046	372 349	511 217	588 928	760 863	1 078 061	1 557 548	1 853 801	2 176 197	2 809 447	3 556 405	4 428 296	5 314 087	6 413 071	
	M. II	14 782	30 400	47 564	88 059	115 926	183 034	247 750	312 386	373 889	512 893	590 720	762 899	1 080 457	1 560 412	1 857 005	2 179 558	2 813 275	3 560 721	4 432 840	5 319 347	6 418 819	
	$\frac{v^2}{2g}\left(1+\frac{l.\rho}{d}+\Sigma\zeta\right)$	2 528	1 888	1 584	1 280	1 168	1 024	928	864	816	768	736	704	656	608	600	584	560	544	528	520	512	
90	M. I	16 281	33 735	52 995	98 303	129 541	204 836	277 578	350 133	419 102	575 381	662 624	858 289	1 213 193	1 752 689	2 086 117	2 448 746	3 161 226	4 001 030	4 982 543	5 979 136	7 215 003	
	M. II	16 641	34 215	53 529	99 091	130 445	205 948	278 766	351 453	420 442	577 057	664 646	958 825	1 215 589	1 755 553	2 089 229	2 452 462	3 165 054	4 005 946	4 987 087	5 984 396	7 221 351	
	$\frac{v^2}{2g}\left(1+\frac{l.\rho}{d}+\Sigma\zeta\right)$	3 200	2 390	2 005	1 620	1 478	1 296	1 175	1 094	1 033	972	932	891	830	770	750	729	709	689	686	658	648	
100	M. I	18 140	37 550	59 870	109 330	144 060	227 750	308 585	389 220	465 855	639 545	736 720	951 715	1 348 325	1 947 830	2 318 340	2 721 295	3 513 005	4 446 855	5 536 790	6 644 215	8 108 135	
	M. II	18 500	38 030	59 494	110 123	144 964	228 862	309 773	390 540	467 195	641 221	738 512	953 754	1 350 721	1 950 694	2 321 452	2 724 651	3 516 833	4 451 171	5 541 334	6 649 475	8 023 883	
	$\frac{v^2}{2g}\left(1+\frac{l.\rho}{d}+\Sigma\zeta\right)$	3 950	2 950	2 475	2 000	1 825	1 600	1 450	1 350	1 275	1 200	1 150	1 100	1 025	950	938	913	875	850	825	813	800	

* M. I = Cal. utilisables pour les tuyaux nus ; M. II = Cal. utilisables pour les tuyaux calorifugés. Pertes par condensation : tuyaux nus, 1500 cal. /m² ; tuyaux calorifugés, 300 cal. /m²

Cal. totales = ω. v. 3600 . γ. 540 ; Pertes par frottement = $\frac{l}{d}$ ... = 0,0615 mm H²O ; ρ = 0,02943. Colonne de vapeur × γ = p mm H²O ; γ = 0,625 ; Pression de vapeur en amont du robinet = 100 mm.

Le procédé de calcul est le même que pour le chauffage par l'eau chaude à basse pression.

Le calcul est simplifié par l'emploi des tables de Rietschel dans lesquelles la chute de tension par mètre courant de tuyau est donnée pour des débits déterminés de calories.

REMARQUE — *Les défauts de fonctionnement,* — abstraction faite de ceux dus aux dimensions insuffisantes des différents éléments, — peuvent survenir par suite d'une discontinuité dans la purge d'air des radiateurs. C'est le cas :

a) Lorsque l'eau de la chaudière remonte dans la conduite de retour (servant en même temps pour la purge d'air), parce que cette conduite est trop bas par rapport au niveau d'eau dans la chaudière.

b) Lorsqu'il se forme des poches d'eau dans la conduite de retour, parce que celle-ci ne possède pas une pente constante vers la chaudière.

En outre l'arrivée de la vapeur dans les radiateurs peut être supprimée par la présence de bouchons d'eau dans les colonnes montantes, provenant de l'insuffisance de la purge d'eau de celle-ci. Il arrive alors que la tension de vapeur est insuffisante pour vaincre la résistance de ces bouchons d'eau, et pour les faire disparaître.

§ 9. — Chauffage par la vapeur à haute pression.

En ce qui concerne le mode d'action et le calcul des tuyauteries, il suffit de s'en rapporter aux généralités que nous avons traitées à propos du chauffage par la vapeur à basse pression.

Il est cependant à remarquer que la vitesse de la vapeur ne peut plus être considérée comme constante dans tous les tronçons de la canalisation, parce que les pertes par frottement et par condensation modifient constamment la tension et la densité de la vapeur. Ce phénomène est mis en lumière par la formule

$$v = \sqrt{\frac{2g \cdot p}{\gamma}}$$

dans laquelle p et γ sont des variables ; leur détermination graphique permet d'en déduire la courbe des vitesses de la vapeur aux différents points de la canalisation.

Pour le calcul des diamètres des tuyauteries nous renvoyons aux nombreuses tables de Rietschel.

Le chauffage par la vapeur à haute tension est tout indiqué là où il s'agit de transporter de grandes quantités de chaleur à grande distance, et où les exigences hygiéniques sont secondaires. Dans chaque cas, il est avantageux de conduire la vapeur à haute tension jusqu'aux points principaux de distribution, de l'y détendre à faible tension, et de l'envoyer alors dans les locaux à chauffer (ateliers, etc...) que l'on dessert ainsi par un système de chauffage à basse pression.

Dans les transports à distance des hôpitaux, on utilise suivant les circonstances la vapeur pour la préparation de l'eau chaude dans les différents pavillons.

Dans les installations de l'espèce, les éléments principaux sont, outre les conduites de vapeur et d'eau de condensation, les réducteurs de tension et les poches de purge, dont il sera question dans des chapitres spéciaux.

Dans les canalisations bien calculées, les réducteurs de tension servent uniquement à compenser les variations de la tension de fonctionnement et les différences de pression résultant du fait qu'on arrondit les dimensions des tuyaux pour adopter celles du commerce.

Dans le but de conserver de faibles diamètres dans les tuyauteries de vapeur et de diminuer en conséquence les pertes parasitaires de chaleur, on calcul les conduites à distance en adoptant la chute de pression la plus haute possible.

On réalise en même temps une certaine surchauffe, c'est-à-dire un séchage de la vapeur grâce à la chaleur rendue libre lors de la réduction.

L'eau de condensation qui se produit pendant la mise en train et pendant le régime est éliminée par des purgeurs d'eau, disposés aux angles de la conduite de vapeur à laquelle on donne un tracé en dents de scie.

Il convient de réduire le plus possible les pertes par condensation, qui peuvent être considérées comme constantes dans leur ensemble, et dont par conséquent l'importance relative augmente à mesure que la consommation de vapeur diminue ; à cet effet, il faut bien calorifuger les tuyaux de vapeur. Au sujet de l'efficacité des isolants les catalogues des fabricants fournissent les renseignements nécessaires ; Rietschel les a également soumis à l'expérience.

Il faut également compenser soigneusement la dilatation linéaire des tuyaux lors de l'échauffement ; un bon moyen est de donner aux conduites un tracé en zig-zag. Les compensateurs en cuivre ne sont pas recommandables, car, avec le temps, ils perdent leur élasticité.

Cependant, il est des cas où on ne peut en éviter l'emploi, de même que pour les joints compensateurs (à bourrage).

L'eau de condensation provenant des installations de chauffage par la vapeur à haute pression, est recueillie et ramenée par des pompes à vapeur dans les chaudières pour y être transformée à nouveau en vapeur. Dans le cas où deux conduites de vapeur possèdent des tensions différentes, il faut, pour éviter des influences mutuelles, dans le cas où on ramène l'eau de condensation par une seule conduite, intercaler des récipients d'air compensateurs purgés d'air ; ou bien on peut prévoir une conduite de retour séparée pour chaque conduite de vapeur.

Les chaudières les meilleures sont celles à grand volume d'eau (chaudières à tube de fumée) ; elles permettent de suivre le plus facilement les variations inévitables du service.

L'économie d'une installation de chauffage à grande distance, en comparaison du système à multiples chaudières isolées, est calculé dans le paragraphe suivant.

En ce qui concerne le rendement des surfaces chauffantes alimentées par la vapeur à haute pression, remarquons que le réglage de l'émission de chaleur n'est possible que dans les limites très restreintes.

On utilise beaucoup actuellement, à la sortie des surfaces chauffantes, des purgeurs automatiques, dont le fonctionnement repose sur la dilatation d'un tube flexible rempli de liquide volatil.

Précédemment on munissait ces surfaces chauffantes d'une soupape de retenue et d'un robinet d'air.

Dans la disposition des tuyauteries de vapeur et d'eau de condensation, il faut autant que possible veiller à faire s'écouler dans le même sens la vapeur et l'eau ; sinon les chocs et les coups de bélier sont inévitables.

§ 10. — Calcul de l'économie du chauffage par la vapeur à grande distance.

Un établissement médical, construit depuis 15 ans possède, dans ses bâtiments, des installations séparées de chauffage par la vapeur à basse pression, comprenant en tout 54 chaudières.

Celles-ci étant démodées, il s'agit de déterminer, par le calcul d'économie, si l'on adoptera le chauffage à grande distance, ou bien si l'on achètera 54 nouvelles chaudières.

Le prix d'une installation de chauffage à grande distance s'établit comme suit :

a) Constructions	fr. 127.500
b) Chaudières et tuyauteries	202.500
c) Déplacement de conduites d'eau et de gaz rencontrées par les galeries de chauffage ; imprévus	13.750
	fr. 343.750

Le remplacement des chaudières coûterait :

a) Chaudières, etc.	fr. 138.338,75
b) Travaux de maçonnerie	17.550,00
c) Imprévus	6.611,25
	fr. 162.500,00

Le calcul d'économie se fera sur les bases suivantes :

Taux d'intérêt du capital de 1er établissement . . . . 4 %

Taux d'amortissement du prix des constructions . . . . 3 %

Taux d'amortissement du prix des chaudières et tuyauteries . . 6 %

Un chauffeur y compris l'entretien revient à 1250 fr. par an.

Les installations de chauffage isolées emploient 8 chauffeurs ; pour le chauffage à grande distance, il faudra en tout 4 chauffeurs et ajusteurs.

Le combustible revient à :

Charbon	0f,025	par kg.
Coke	0f,03125	id.

La consommation annuelle des chaudières à trémie des installations séparées est de 2 000 000 kilos de coke.

La consommation de combustible pour couvrir les pertes calorifiques dans les tuyauteries à distance disposées en galerie peut être considérée comme égale au supplément de consommation résultant des nombreux foyers disséminés.

Dans ces conditions, les quantités absolues de combustible sont les mêmes dans les deux hypothèses.

On effectue ensuite le calcul suivant.

a) Frais d'exploitation et d'entretien d'une *installation de chauffage à grande distance.*

Construction 3 % du capital	fr. 3.825,00
Chaudières et tuyauteries 6 % du capital	12.150,00
Intérêts du capital d'installation 4 % × 343.750	13.750,00
2 000 000 k. de charbon à 0f,025	50.000,00
4 chauffeurs à 1250f,00	5.000,00
	fr. 84.725,00

b) Frais d'exploitation et d'entretien des *installations de chauffage séparées.*

Construction 3 %.	fr.	526,50
Chaudières 6 %		8.300,33
Intérêts du capital d'installation 4 % × 162.500 . . .		6.500,00
2.000.000 kilos coke à 0f,03125.		62.500,00
8 chauffeurs à 1250f,00		10.000,00
	fr.	87.826,83

Pratiquement, les frais annuels des deux installations sont équivalents, quoique les chiffres calculés sont plutôt favorables au chauffage à grande distance.

Ce dernier système présente le grand avantage de simplifier le service, et d'économiser ainsi le travail.

Les frais absolus sont approximativement égaux dans les deux hypothèses que nous avons envisagées.

Mais il peut se présenter de cas où le chauffage à grande distance sera plus économique que l'installation comprenant des chaudières isolées ; c'est, par exemple, quand les bâtiments de l'établissement sont alignés l'un près de l'autre, et que l'établissement des galeries de chauffage entraîne peu de frais. Mais l'inverse peut se présenter ; il peut arriver que les frais d'amortissement et d'intérêts, ainsi que la consommation de combustible pour couvrir les pertes calorifiques diminuent l'économie du chauffage à grande distance.

On doit donc, avant d'adopter ce système, étudier avec soin les avantages et les inconvénients, examiner les conditions de service et l'économie, en comparant au système de chaudières isolées. On n'oubliera pas de considérer les conditions topographiques de l'installation ; un sol accidenté peut exiger un pompage mécanique des eaux de condensation dans l'hypothèse du chauffage à grande distance, alors que les chauffages isolés permettent le retour naturel des eaux de condensation.

§ 11. — Chauffage par la vapeur d'échappement.

Le fonctionnement d'un chauffage par la vapeur d'échappement suppose que la machine fournit la quantité de vapeur correspondant à la consommation de chaleur dans l'installation de chauffage.

Dans les types faibles de machines la consommation de vapeur, qui peut être considérée pratiquement comme égale à la quantité de vapeur d'échappement fournie, oscille entre 8 et 20 kg, et est indiquée dans chaque cas par le fabricant.

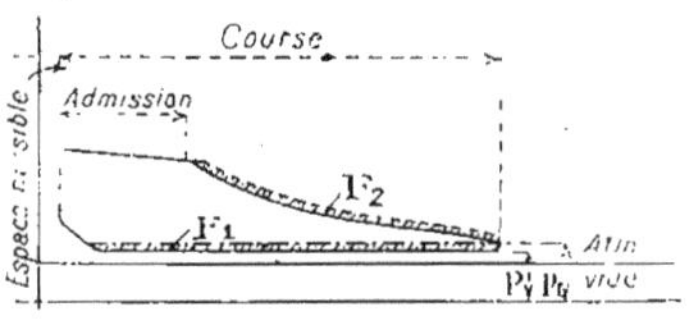

Fig. 20 a.

Le calcul du réseau de tuyauteries s'effectue comme dans le chauffage par la vapeur à basse pression, en mettant en œuvre la chute de pression entre la tension finale de la vapeur, au changement de course du piston, et la tension aux robinets des radiateurs. Comme l'indique le diagramme de la fig. 20 *a*, les dimensions de la machine sont fonctions de la tension finale de la vapeur. Pour une puissance de 172 HP à 180 tours par minute, et une vitesse moyenne du piston de 1,8 m/sec, on obtient une course de

$$\frac{1{,}8 \times 30}{180} = 0{,}3 \text{ m} ;$$

et pour une pression moyenne de 3,07 atm., avec un degré d'admission de 14 %, (voir le diagramme), une surface de piston de

$$\frac{172 \times 75}{1{,}8 \times 3{,}07} = 2355 \text{ cm}^2,$$

en défalquant la section de la tige du piston.

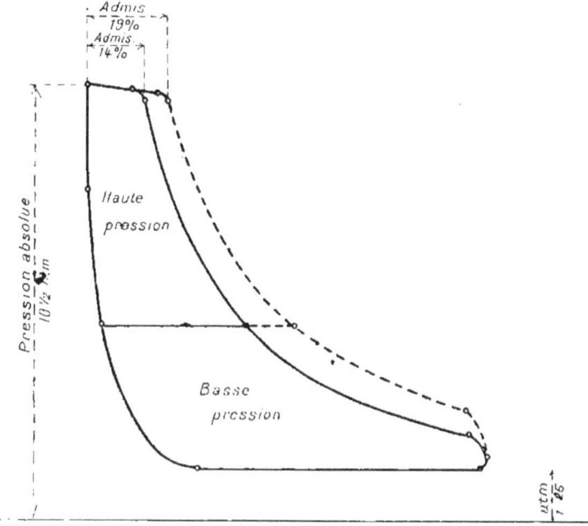

Fig. 20 b.

Le diamètre du cylindre est de :

$$d = \sqrt{\frac{2355 \times 4}{\pi}} = 550 \text{ mm}.$$

De ce calcul il résulte que le fournisseur de la machine, qui doit assurer le service du chauffage, doit absolument connaître la pression finale imposée à la vapeur à l'échappement.

Dans un chauffage par la vapeur d'échappement, la machine à vapeur fonctionne exclusivement comme réducteur de pression fournissant du travail. La fig. 21 représente trois machines à vapeur en relation avec un chauffage central desservant 4 bâtiments. La vapeur s'échappant du cylindre de chaque machine traverse un séparateur d'huile, et est conduite par le tuyau 1 dans le collecteur 2.

Celui-ci est muni, à son extrémité, d'un té avec deux tuyaux de raccordements 3 et 4 vers le tuyau d'échappement débouchant au-dessus du toit. La conduite 3 comprend une soupape de sûreté pour compenser les brusques augmentations de pression ; par contre, dans la conduite 4 est intercalée une soupape de sûreté commandée par un régulateur de pression 5 pour mainte-

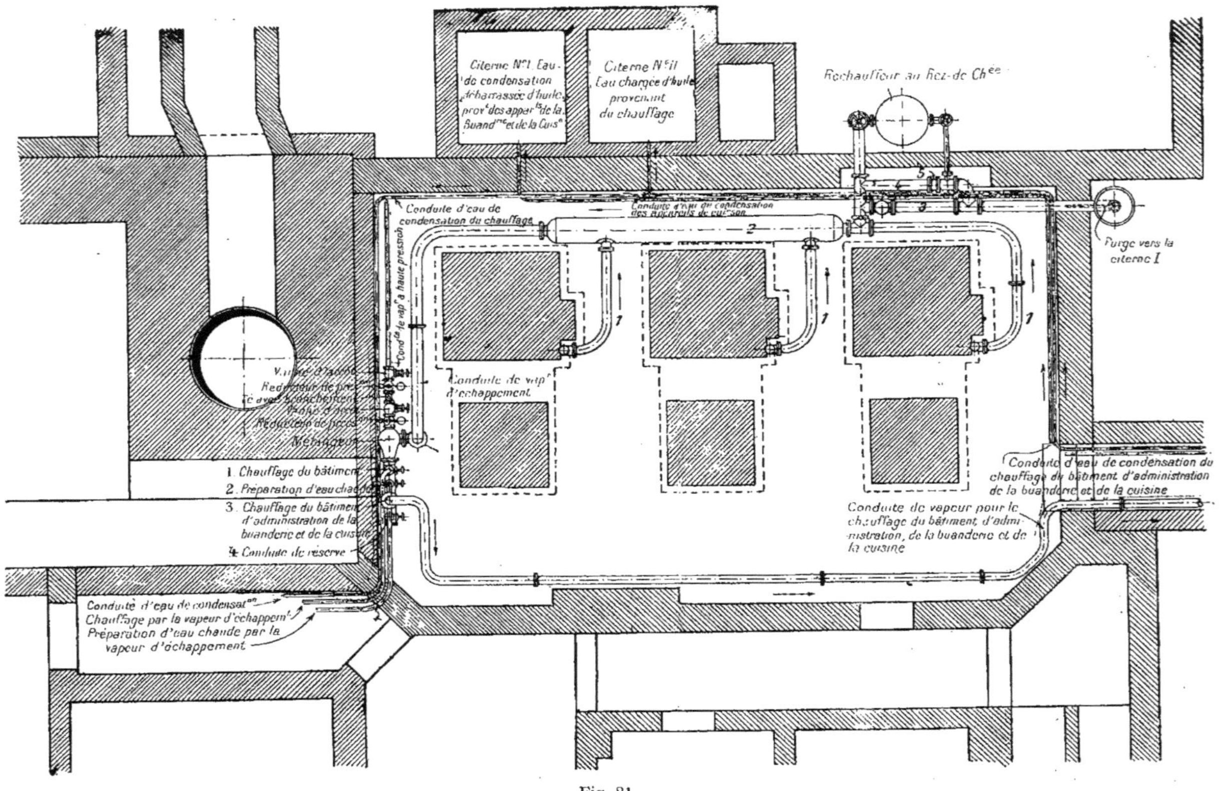

Fig. 21.

Dispositif général d'une installation de chauffage par la vapeur d'échappement.

nir constante la pression. Le régulateur de pression 5 peut également être remplacé par un réducteur de pression approprié.

Il est indispensable de maintenir constante la tension de la vapeur d'échappement par un régulateur à fonctionnement précis ; sinon il peut se produire un forçage des radiateurs malgré la présence de robinets réglés. D'autre part, il en résulterait une modification dans le rendement de la machine par suite des variations de la contrepression.

On cherche à éviter l'influence mutuelle des radiateurs raccordés à la même conduite d'eau de condensation, en les munissant de soupapes de retenue à boulet de faible diamètre qui empêchent le retour de la vapeur. Les soupapes de retenues doivent être disposées de façon que la sphère soit soulevée par la colonne d'eau qui se forme, sinon elles peuvent coller aisément. La conduite collectrice d'eau de condensation est munie à son extrémité d'un tuyau d'air aboutissant au-dessus du toit.

L'eau de condensation d'un chauffage par la vapeur d'échappement peut être ramenée aux chaudières après un déshuilage soigné. Si les séparateurs d'huile ou filtres à huile ne fonctionnent pas avec une absolue sécurité, il vaut mieux envoyer dans les égouts l'eau de condensation, pour éviter la corrosion des tôles de chaudière.

Dans l'égout, il faut intercaler un filtre à graisse pour éviter l'encrassement des parois.

Si, dans un chauffage par la vapeur d'échappement, on ne peut pas absolument compter sur la quantité de vapeur correspondant à la demande de chaleur, il faut prévoir le mélange de vapeur vive à la vapeur d'échappement. On y arrive au moyen d'un mélangeur analogue à celui de la fig. 22, dont le mode d'action et le raccordement aux conduites de vapeur vive et de vapeur d'échappement se comprennent aisément.

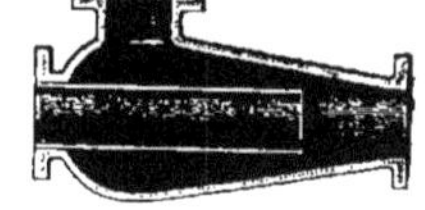

Fig. 22.

L'injection de vapeur vive peut en même temps réaliser le décrassage du réseau de conduites.

Si la vapeur d'échappement fournie par la machine est trop considérable pour être condensée entièrement par l'installation de chauffage, il peut être avantageux, suivant les cas, de condenser l'excès de vapeur d'échappement en la faisant passer dans un condenseur.

S'il s'agit d'une machine compound avec condenseur, on peut encore s'arranger de façon à prendre la vapeur pour le chauffage dans le receiver ; alors, cette vapeur ayant une tension encore relativement élevée, il convient de la détendre avant de l'utiliser pour le chauffage.

Dans le premier cas, on ne prend pas cette précaution ; cependant il convient d'observer que la résistance de frottement rencontrée dans l'installation de chauffage par la vapeur d'échappement augmente la tension finale de la vapeur, ce qui se traduit, dans le diagramme, par une augmentation du degré d'admission et par conséquent aussi par une augmentation de la consommation de vapeur.

Lorsque l'on prend la vapeur entre les deux cylindres de la machine compound pour le chauffage et la cuisson, il faut veiller particulièrement à bien régler l'arrivée de vapeur dans le cylindre à haute pression suivant les variations de la consommation de vapeur.

C'est particulièrement important pour les machines d'éclairage qui doivent avoir une allure particulièrement régulière. Il est absolument nécessaire que, dans l'établissement d'installations de chauffage par la vapeur d'échappement, le fournisseur de machines et l'ingénieur de chauffage travaillent de concert. (Voir aussi le paragraphe concernant le chauffage par Vacuum-system).

Si l'ingénieur de chauffage est dans le cas de devoir faire des propositions concernant le choix du type de machine dans les centrales d'éclairage électrique, il recommandera les machines compound à deux manivelles plutôt que les machines tandem, à cause de la meilleure répartition des masses mécaniques et à cause de la plus grande régularité d'allure qui en résulte.

La consommation de vapeur d'une machine fonctionnant en combinaison avec un chauffage, joue un rôle économique uniquement quand le minimum que peut condenser l'installation de chauffage, est inférieur à la quantité de vapeur fournie à l'échappement par la machine.

Dans ce cas, il faut prévoir un condenseur consommant plus ou moins d'eau de refroidissement. Ce condenseur pourrait être évité si l'on donnait aux surfaces chauffantes une capacité de condensation constamment suffisante.

La quantité de vapeur d'échappement fournie par les petites machines à échappement libre est d'environ 15 kg par HP.

Une machine compound ayant les caractéristiques suivantes :

Cylindre à haute pression : diamètre 360 mm. (tiroir cylindrique, équilibré, commandé par le régulateur).

Cylindre à basse pression : diamètre 500 mm. (tiroir plat).

Course : 350 mm.

Nombre de tour : 180 par minute.

Coefficient d'irrégularité : $\frac{1}{150}$

Puissance : 150 à 200 HP,

Puissance de régime susceptible d'augmentation, à raison de 25 % avec échappement libre, 40 % avec condenseur.

a fourni les chiffres suivants pour la consommation de vapeur.

Mode de fonctionnement	Pression p atm	Température t	Consommation de vapeur par H.P.	Rendement	Puissance
Avec condenseur	9,5	saturé	7,6	84 %	Puissance normale
»	9,5	»	8	87,5 »	» maximum
»	9,5	surchauffé 280° C	6	84 »	» normale
»	9,5	»	6,4	87,5 »	» maximum
A échappement libre	9,5	saturé	10,25	87 »	» normale
»	9,5	»	10,75	90 »	» maximum
»	9,5	280° C	8	87 »	» normale
»	9,5	»	8,5	87,5 »	» maximum Tension à l'échappement : 0,25 Atm.

La table suivante donne des renseignements concernant la consommation de vapeur des turbines pour différentes puissances, et emprunts de vapeur, pour le chauffage, de 1.000 à 2.000 kgs.

	Puissance en		Consommation totale de vapeur pour un emprunt de 1000 kg. en vue du chauffage.			Consommation totale de vapeur pour un emprunt de 2000 kg. en vue du chauffage.					
	H.P.	K.W.	kg. (Total)	par K.W.	par H.P.	kg. (Total)	par K.W.	par H.P.	kg. (Total)	par K.W.	par H.P.
Turbine à vapeur à 12 atm.; vapeur surchauffée à 300° C $n = 2.600$.	91	60	1380	23	15,2	—*	—	—	775	12,9	8,5
	136	90	1600	17,7	11,7	—*	—	—	1088	12,1	8
	182	120	1800	15	9,9	2400*	20	13,2	1365	11,4	7,5
	On suppose que 1 H.P. = 0,66 K.W		*Vapeur pour le chauffage prise à la contre-pression de 0,5 atm., et à environ 150° C. Le dernier étage fonctionne dans le vide.						Fonctionnement avec condenseur à 90 °/. de vide. Eau de refroidissement à 15° C.		

Application 21. — *Une machine à vapeur consomme 8 kg. de vapeur par cheval-heure, à une pression de 10 atm. Quel est le rendement thermique de la machine, si les pertes par rayonnement et autres atteignent 10 °/₀ de la chaleur totale ?*

Un cheval-heure est équivalent à :

$$75 \times 3600 = 270.000 \text{ kilogram.-mètres-secondes.}$$

Il faut pour développer ce travail,

$$\frac{270.000}{424} = 636 \text{ cal.}$$

Or, 1 kg. de vapeur à 10 atm. contient 477 cal., de sorte que pratiquement, il faut introduire dans le cylindre :

$$8 \times 477 = 3816 \text{ cal. par cheval.}$$

Il en résulte que le pourcentage de vapeur utilisée est :

$$\frac{636}{3816} = 17 \text{ °/}_\text{o}.$$

Il faut en retrancher 10 °/₀ pour les pertes par refroidissement, de sorte que, pour développer la puissance demandée, on utilise 0,17 — 0,017 = 15 °/₀ de la chaleur totale.

La chaleur disponible pour le chauffage atteint donc :

$$100 - 17 = 80 \text{ °/}_\text{o} \text{ environ}$$

de celle utilisée pour développer la puissance voulue.

Si la consommation de vapeur est double (16 kg par HP), comme c'est le cas pour les petites machines à échappement libre jusqu'à 25 HP, on peut utiliser environ 90 °/₀ de la vapeur vive consommée.

§ 12. — Chauffage par la vapeur dit vacuum-system (1).

Lorsqu'on doit établir le projet d'un chauffage vacuum-system, c'est-à-dire dans lequel on fait le vide dans le retour, il faut résoudre deux questions :

1° Ce système présente-t-il de réels avantages, au point de vue de l'hy-

(1) Voir Gesundheits. Ingénieur, 1909, n° 20.

giène et du service, par rapport au chauffage ordinaire par la vapeur à basse pression ?

2° Son adoption est-elle justifiée par des avantages économiques ?

Les avantages de la 1re catégorie entrent en ligne de compte principalement pour le chauffage des écoles, des hôpitaux, des habitations, etc. Ces avantages sont les suivants : la température superficielle des radiateurs est basse, les radiateurs sont susceptibles d'un bon réglage. ils émettent rapidement de la chaleur ; enfin les chocs et les coups de bélier sont évités dans le réseau de conduites.

Les avantages du deuxième genre ont leur importance pour le chauffage par la vapeur d'échappement dans les établissements industriels ; les avantages hygiéniques sont alors plutôt secondaires.

Comme avantages économiques, on peut citer :

a) L'emploi de conduites d'eau de condensation de plus faible diamètre que dans le chauffage ordinaire par la vapeur à basse pression ou par l'échappement ; ce qui peut diminuer sérieusement les frais de l'établissement lorsque les tuyaux en cuivre sont imposés pour les conduites de retour.

b) La possibilité d'installer les radiateurs à n'importe quel niveau sans influencer la circulation de la vapeur et de l'eau de condensation.

Ses inconvénients économiques consistent dans l'emploi de nombreux appareils régulateurs et purgeurs automatiques.

Reste encore à déterminer les points à traiter quand on fait le projet d'un chauffage par la vapeur d'échappement avec épuisement dans la conduite de retour. Il y a bien lieu de faire deux hypothèses.

1re Hypothèse. Les surfaces chauffantes (radiateurs, réchauffeurs, etc.), sont capables de condenser une plus grande quantité de vapeur que celle fournie par l'échappement de la machine, de sorte qu'il faut amener de la vapeur vive dans la conduite d'échappement.

Le chauffage vacuum-system peut être employé quand il est indispensable de réaliser les avantages hygiéniques et que l'installation doit fonctionner sans bruit.

Mais on n'oubliera pas que le système doit posséder une certaine extension horizontale, pour obtenir une chute de pression suffisamment grande entre la conduite de vapeur et le retour, et, par conséquent, aussi une température moyenne suffisante dans les surfaces chauffantes.

Si, par exemple, la tension *absolue* dans le condenseur est de 0,1 atm., la température superficielle des surfaces chauffantes voisines ne dépassera pas 50° c. ; on devra donc prévoir des surfaces chauffantes notamment plus grandes et plus coûteuses que si elles étaient à une plus grande distance.

2e Hypothèse. Les surfaces chauffantes sont capables de condenser une quantité de vapeur inférieure à celle fournie par l'échappement de la machine.

Dans ce cas, la vapeur en excès est perdue, si l'on n'a pas pris des dispositions pour la condenser utilement. Si cette condensation se produit dans des réchauffeurs d'eau d'alimentation ou dans des appareils générateurs d'eau chaude pour bains, il ne faudra pas perdre de vue, dans le calcul, la faible température superficielle des surfaces chauffantes. L'augmentation de prix qui peut en résulter est parfois de nature à influencer l'économie de l'installation. Inversement il ne peut être question de supprimer momentanément le vide dans le but d'augmenter la température superficielle des surfaces chauffantes ; car on diminuerait la puissance de la machine.

En règle générale, l'économie du système préposé dans la 2e hypothèse ne peut être déterminée *à priori* ; elle doit être calculée dans chaque cas.

Reste à élucider l'influence d'une contre-pression plus ou moins grande sur la machine. Si la tension d'échappement p (voir diagramme de la fig. 20 *b*) augmente jusqu'à la valeur p_1 par suite de l'intercalation d'une résistance (chauffage, réchauffeurs, etc.), l'aire du diagramme, dans les limites d'action du régulateur, s'abaisse à Ω_1 ou augmente jusqu'à Ω_2, cette dernière valeur comprenant le travail pour vaincre la résistance intercalée.

L'augmentation de travail entraîne un accroissement de la consommation de vapeur, qui peut être considéré comme utile si les surfaces chauffantes utilisant la vapeur d'échappement ont une capacité de condensation suffisante. La machine, dans ce cas, fonctionnerait comme réducteur de pression, abaissant la tension de la vapeur de la tension d'admission à la valeur p_1. Suivant les cas, il faut encore mélanger à la vapeur d'échappement de la vapeur vive détendue à la pression p_1, pour assurer l'émission de chaleur des surfaces condensatrices. Ce travail développé par suite du frottement de la vapeur dans le dispositif d'étranglement du réducteur de pression, est utilisable, non pas dans un but mécanique, mais pour réaliser la surchauffe de la vapeur.

De ce qui précède, il résulte que le fournisseur de machines doit connaître la tension de service p_1, de l'installation de chauffage ou du condenseur, pour livrer la machine qui convient. Si la tension d'échappement est trop faible, on ne peut, par suite de l'insuffisance de la chute de pression, réaliser qu'un échauffement partiel des surfaces chauffantes ; si cette tension est trop grande, il en résultera des pertes de vapeur.

Comme la résistance d'une installation de chauffage raccordée à l'échappement d'une machine à vapeur, varie constamment avec le degré d'ouverture des robinets de réglage des radiateurs, il se peut, quand le système comporte une conduite d'eau de condensation ouverte à l'air libre, se produire, en dehors des limites d'action du régulateur, une contre-pression excessive, qui provoque une augmentation préjudiciable de la compression de la vapeur dans le cylindre, et comme conséquence, des chocs et des coups de bélier. La plupart du temps on cherche, mais d'une façon incomplète, à réaliser l'équilibrage de la pression au moyen de soupapes de sûreté. Comme celles-ci sont trop paresseuses par suite de leurs masses, il se peut qu'on n'arrive pas à éviter des ébranlements dangereux dans la machine ; il vaut mieux recourir à des dispositifs régulateurs analogues aux réducteurs de tension, qui permettent un équilibrage doux de la pression, et dans cet ordre d'idées, la préférence va aux appareils à mercure plutôt qu'aux soupapes à piston.

Dans les installations de vacuum-system, ces inconvénients n'existent pas, à la condition bien entendu que le dispositif de distribution de la pompe suive suffisamment bien les variations du service.

Pour terminer, nous réunirons dans le tableau synoptique suivants, les points à examiner pour l'emploi du vacuum-system avec pompe.

Chauffage par Vacuum-System avec pompe

Hygiène et Service		Économie	
		Avantage :	Inconvénient :
Système indiqué pour le chauffage des habitations, écoles, hôpitaux.	Suppose qu'il ne faut pas surveiller constamment la pompe.	Permet d'adopter des tuyaux d'eau de condensation de faible diamètre, et de placer les radiateurs à n'importe quel niveau.	Exige l'emploi de nombreux appareils accessoires.

Vapeur d'échappement en quantité insuffisante	*Vapeur d'échappement en excès*
Les surfaces chauffantes, avec la pompe à air, fonctionnent comme un condenseur à surface. Mélanger à la vapeur d'échappement de la vapeur vive détendue.	Installer des réchauffeurs ou des condenseurs à injection pour utiliser l'excès de vapeur d'échappement.

Température superficielle des surfaces chauffantes
Variable avec l'extension horizontale de l'installation.

Réglage de la tension d'échappement par

Soupape de sureté	Soupape réductrice de pression	Pompe de vide
Les chocs et coups de bélier ne sont pas évités.	Équilibrage doux de la pression.	Une bonne distribution est nécessaire ; alors l'équilibrage de la pression est doux.

Il sera facile, au moyen de ce tableau synoptique, de décider, dans chaque cas, si le chauffage par vacuum-system avec pompe est économique.

§ 13. — Réducteurs de tension de vapeur.

Si un chauffage à basse pression doit être alimenté par une installation existante de chauffage par la vapeur à haute pression, il est indispensable, pour obtenir la pression de service nécessaire, d'intercaler dans la conduite de vapeur un appareil réducteur de tension.

On peut s'imaginer celui-ci comme formé d'un tuyau très long et absolument protégé contre les pertes de chaleur, ayant d'une part le diamètre de la conduite amenant la vapeur à haute pression, et d'autre part le diamètre de la conduite de départ de vapeur à basse pression.

Les diamètres des deux conduites se calculent, par les procédés connus, en tenant compte de la chute de tension disponible.

Désignons la tension, la vitesse d'écoulement, le poids spécifique de la vapeur et la section des tuyaux par p_h, v_h, γ_h, ω_h pour la haute pression, et par p_b, v_b, γ_b, ω_b pour la basse pression.

On aura :

$$\omega_h \cdot v_h \cdot \gamma_h = \omega_b \cdot v_b \cdot \gamma_b .$$

$$\frac{\omega_h}{\omega_b} = \frac{v_b \cdot \gamma_b}{v_h \cdot \gamma_h} = \sqrt{\frac{p_b \cdot \gamma_h}{p_h \cdot \gamma_b}} \cdot \frac{\gamma_b}{\gamma_h} .$$

Comme la tension doit rester constante du côté de la basse pression, on doit avoir.

$$\gamma_b \cdot \sqrt{\frac{p_b}{\gamma_b}} = C \text{ (constante)}.$$

On en déduit :

$$\frac{\omega_h}{\omega_b} = C \sqrt{\frac{\gamma_h}{p_h \cdot \gamma_h^2}} = C^1 \sqrt{\frac{1}{p_h \cdot \gamma_h}}$$

On voit que la moindre variation de p_h entraîne un changement dans le rapport entre les sections de haute et de basse tensions. Comme ω_b est constant, ω_h doit être variable. On réalise cette condition pratiquement, en faisant agir la vapeur à basse pression directement ou indirectement sur un piston en relation avec le robinet de vapeur à haute pression.

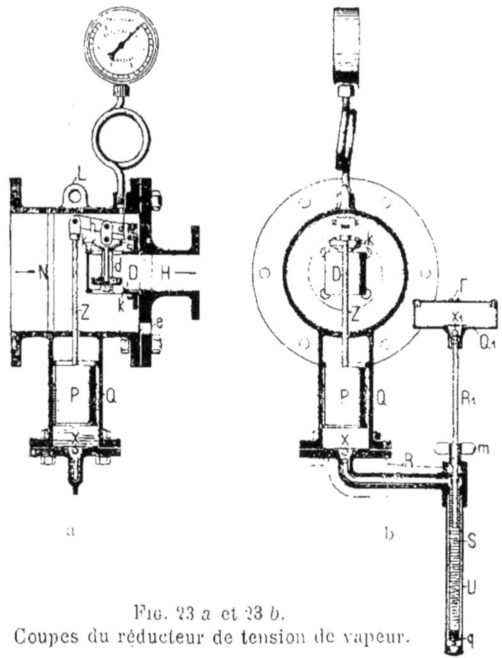

Fig. 23 *a* et 23 *b*.
Coupes du réducteur de tension de vapeur.

Si la haute tension se modifie, la basse pression augmente ou diminue, ce qui, par l'action sur le piston, entraîne une diminution ou une augmentation de la tension du côté de la haute pression.

Le fonctionnement d'un appareil de l'espèce se comprend d'après la description suivante.

Les fig. 23 a et *b* représentent l'appareil en coupes. La vapeur à haute pression entre en H, dans la chapelle de soupape V (fig. 23 a) renfermant la soupape équilibrée à double siège *d*. Celle-ci est en relation avec P par l'intermédiaire des pièces *h* et Z, de façon que les ouvertures en D se ferment quand l'organe P descend, et inversement. Le flotteur P flotte sur du mercure contenu dans le récipient Q, et qui remplit également le tube S par l'intermédiaire du tuyau de communication R. A l'intérieur du tube S peut glisser un autre tube R_1, lequel se fixe dans une position déterminée au moyen de la pièce *m*. Le tube R_1 supporte le récipient de surpression Q_1, qui peut ainsi être fixé à la hauteur que l'on désire.

La pression réduite qui correspond à la hauteur de mercure comprise entre les deux niveaux dans les récipients Q et Q_1, peut être fixée de la façon la plus simple, en plaçant le récipient Q_1 à la hauteur voulue au-dessus de Q.

Le flotteur P possède un poids tel qu'il agit avec grande énergie sur la soupape équilibrée *d* et est capable de placer celle-ci dans chaque position avec la plus grande précision, c'est-à-dire de limiter avec la plus grande précision la quantité de vapeur qui est consommée à la basse pression fixée. S'il vient trop peu de vapeur, la pression de vapeur réduite en N diminue, le mercure est refoulé du récipient Q_1 dans le récipient Q, le flotteur P monte, ouvre davantage la soupape *d*, et la vapeur arrive en plus grande quantité. S'il vient trop de vapeur, la pression réduite en N augmente, le mercure est refoulé de Q dans Q_1, le flotteur P descend, la soupape *d* se ferme et il passe moins de vapeur. Mais tout se passe avec une exactitude tellement rigoureuse que le terme de réducteur de précision donné à l'appareil est parfaitement justifié.

Pour éviter les pertes de mercure, et les perturbations de service qui en résulteraient, chaque réducteur de pression est muni de deux soupapes de sûreté : l'une dans le fond du récipient Q, l'autre dans le fond du récipient Q_1. Les sphères en acier qui constituent ces soupapes, nagent dans le mercure : la sphère x aussi longtemps que la pression a refoulé de Q dans Q_1 assez de mercure pour qu'elle ne puisse plus flotter ; la sphère x_1 jusqu'à ce que la diminution de pression permette le retour de Q_1 dans Q d'une quantité suffisante de mercure pour qu'elle ferme l'ouverture pratiquée dans le fond du récipient Q_1. Ces sphères ont non seulement l'avantage d'éviter toute perte de mercure, mais encore elles suppriment les à-coups dans le fonctionnement du réducteur de pression. De plus, comme le récipient Q_1 est complètement fermé, jamais le mercure ne peut venir à l'air libre.

§ 14. — Purgeurs d'eau.

Les purgeurs d'eau sont destinés à évacuer l'eau contenue dans les conduites de vapeur de façon qu'après la sortie de l'eau de condensation, la conduite de purge est obturée, pour éviter les pertes de vapeur.

La soupape de la conduite d'évacuation est commandée soit par un flotteur suivant le niveau de l'eau dans le purgeur, soit par un tube qui se dilate sous l'action de la chaleur. Dans les deux cas, l'évacuation de l'eau se fait sous l'action de la pression de la vapeur, qui peut être représentée par une colonne d'eau de H mètres. Outre la charge $\frac{v_2}{2g}$ correspondant à la vitesse, il faut considérer la résistance intérieure du purgeur et la perte due à la contraction du jet d'eau s'écoulant par l'orifice étroit de sortie. La résistance intérieure peut être prise égale à 1 d'après ce que nous avons dit précédemment.

Par suite de la contraction, on peut multiplier par 0,8 la vitesse théorique correspondant à la pression disponible ; donc

$$v = 0{,}8\sqrt{2gh},$$

d'où :

$$h = \frac{v^2}{0{,}8^2 \times 2g},$$

en désignant par h la charge en mètres d'eau correspondant à la vitesse v. De sorte qu'en faisant le total, on obtient :

$$H = \frac{v^2}{2g}\left(1 + 1 + \frac{1}{0{,}8^2}\right) = 3{,}5\,\frac{v^2}{2g}.$$

Si, par exemple, le purgeur doit évacuer 800 litres par heure à la pression de 4 cm., on calcule la section ω de passage par la formule :

$$\omega = \frac{0{,}8}{3600} \cdot \sqrt{\frac{2g \cdot 40}{3{,}5}} = 15 \text{ mm}^2,$$

ce qui correspond à un diamètre de 4,5 mm. en chiffres ronds.

Le rendement du purgeur à 8 atmosphères serait environ de

$$800\sqrt{\frac{8}{4}} = 1130 \text{ litres/heure.}$$

On usera le moins possible de purgeurs d'eau, parce que si l'on n'y veille pas soigneusement, leur fonctionnement devient facilement défectueux.

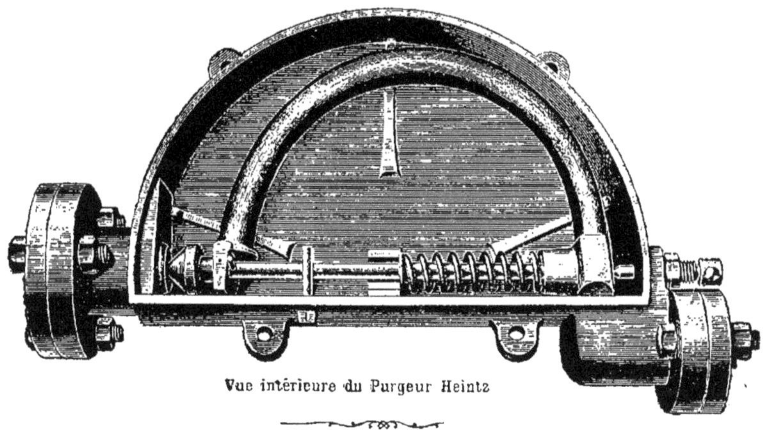

Fig. 24 a. Purgeur Heintz.

Un bon purgeur doit non-seulement éviter des fuites de vapeur, mais il ne doit non plus, par suite de sa disposition générale, présenter de grandes surfaces de refroidissement donnant lieu à des pertes par condensation. Le fonctionnement d'un purgeur se comprend aisément d'après les fig. 24 (a, b, c, d, e).

Pour évacuer les quantités importantes d'eau de condensation qui se produisent dans le réseau de conduites pendant la période de mise en marche, il est recommandé de munir les purgeurs d'une conduite de dérivation ou by-pass, de façon que l'eau ne traverse pas le purgeur. Il est précieux également de prévoir des by-pass avec robinets d'arrêt pour permettre la réparation des purgeurs.

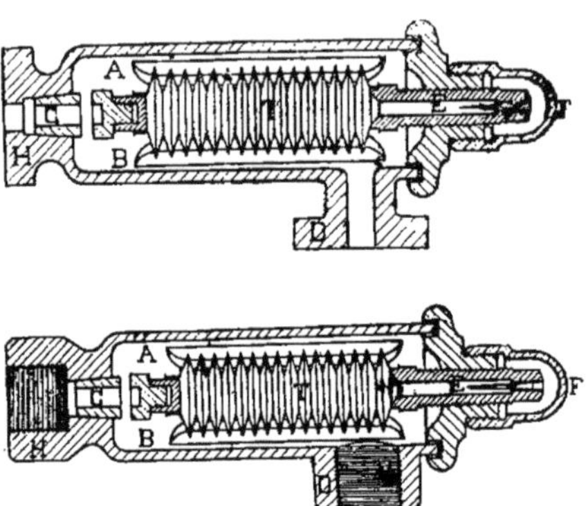

Fig. 24 *b*. Purgeur Grouvelle et Arquembourg.

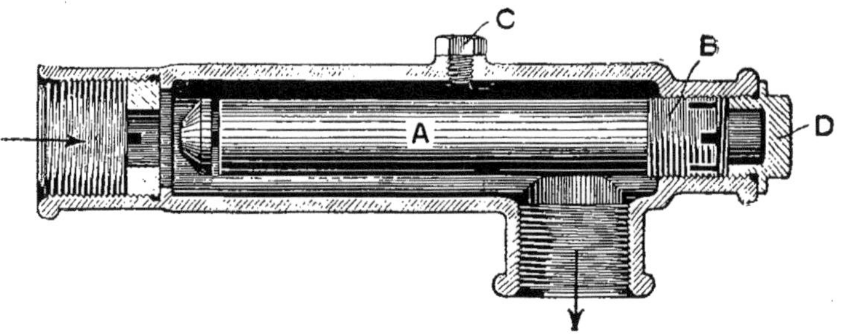

Fig. 24 *c*. Purgeur Samson.

Quant aux purgeurs récemment mis sur le marché, basés sur le principe de la retenue de l'eau par le travail de choc ou de frottement, ils doivent d'abord prouver leurs qualités pratiques ; aussi nous dispensons-nous de les décrire pour le moment.

CHAPITRE IV

CHAUDIÈRES ET FOYERS.

§ 1. — Principes chimiques. Essais de vaporisation.

Un foyer est destiné à libérer les calories accumulées dans les combustibles.

Ces calories se dégagent, à la suite de la gazéification de combustible, par la combinaison de l'oxygène de l'air de combustion avec les éléments du combustible.

L'évacuation des gaz brûlés se fait par le carneau et par la cheminée. Les calories produites sont absorbées, dans les centrales de chauffage, par les chaudières à vapeur ou à eau, par les calorifères, etc., et distribués aux points d'utilisation par des tuyauteries ou des canalisations.

Pour donner les dimensions convenables aux différents éléments d'un foyer, il faut calculer les quantités nécessaires de combustible et d'air de combustion, ainsi que les quantités de gaz brûlés à évacuer.

Le poids de combustible nécessaire pour produire un nombre déterminé de calories M, est égal à $\frac{M}{v}$ kg, en désignant par v la puissance calorifique du combustible, c'est-à-dire le nombre des calories produites par 1 kg de combustible, à combustion complète.

La puissance calorifique d'un combustible se détermine le mieux au moyen d'un calorimètre ; celui-ci est un récipient entouré d'eau, à l'intérieur duquel on réalise la combustion de l'échantillon de combustible au moyen d'oxygène pur.

La température de l'eau de refroidissement permet alors de mesurer la chaleur dégagée. Les gaz brûlés doivent être analysés pour déterminer leur teneur de CO_2, SO_2, CO, O, H_2O (vapeur), et N, et en déduire si la combustion a été plus ou moins complète.

Les éléments habituels d'un combustible sont :

C °/₀ (carbone).
O °/₀ (oxygène).
H °/₀ (hydrogène).
N °/₀ (azote).
S °/₀ (soufre).
E °/₀ (humidité).

On a approximativement

$$v = 8100 \text{ C} + 29000 \left(\text{H} - \frac{\text{O}}{8}\right) + 2500 \text{ S} - 600 \text{ E}.$$

Dans cette formule, les chiffres qui précèdent les notations des éléments du combustible représentent les puissances calorifiques déterminées au calorimètre pour ces éléments.

Le poids de l'hydrogène doit être diminué des $\frac{2}{16}$ ou du 1/8 environ de celui de l'oxygène, parce que l'oxygène contenu dans le combustible ne sert pas à la production de chaleur, mais provoque plutôt un refroidissement.

Il en est de même pour l'eau hygroscopique, qui demande en chiffres ronds 600 cal. par kg. pour sa vaporisation.

S'il s'agit de déterminer la quantité de combustible pour produire un rendement thermique donné, on ne peut introduire dans le calcul que 50 à 60 °/₀ de la puissance calorifique ; en effet, dans la pratique, on ne peut réaliser les conditions exigées pour la combustion complète (mélange parfait des molécules gazeuses avec l'air de combustion, et échauffement convenable de celui-ci).

Pour déterminer le combustible le mieux approprié à un foyer, on effectue un essai de vaporisation, et on établit ainsi le coefficient de vaporisation, égal à la quantité de vapeur produite par 1 kg de combustible.

Si, par exemple, on obtient les résultats suivants :

Vapeur totale produite en 1 heure	1187 kg.
Combustible employé.	136 kg.

le coefficient de vaporisation est :

$$1127 : 136 = 8,72,$$

en supposant que l'eau d'alimentation est à 0°C. Si la vapeur est à la tension de 8 atm., la chaleur totale par kg est de 659,69 cal. ; si, en outre, l'eau d'alimentation est à 30°C, la chaleur totale développée est, par kg,

$$659,69 - 30 = 629,69 \text{ cal.}$$

Il en résulte que les 1187 kg d'eau, supposée à 30° C, correspondant à :

$$\frac{629,69}{659,69} \times 1187 = 1127,65 \text{ kg à } 0°\text{C}.$$

Le coefficient de vaporisation devient alors,

$$\frac{1127,65}{136} = 8,22.$$

Voici un exemple pratique :

a) Surface de chauffe de la chaudière	64,3 m²
b) Surface de grille	1,65 m²
c) Durée de l'essai.	488 min.
d) Consommation totale de combustible	1107 kg.
e) Consommation totale d'eau.	9657 kg.
f) Tension moyenne de la vapeur.	8 atm.
g) Température de l'eau d'alimentation.	30° C
h) Température des gaz brûlés	275° C
i) Teneur moyenne en CO_2.	11,5 °/₀.
k) Chute de pression entre l'entrée de la grille et le carneau.	10 mm.
l) Eau d'alimentation par heure	1187 kg.
m) Coefficient de vaporisation	8,22

n) Puissance calorifique du combustible . . . . 6897 cal.
o) Rendement de l'installation . . . . 78 %.

Ce dernier élément se calcule comme suit :

$$\frac{8,22 \times 659,69}{6897} = 0,78 = 78\ \%.$$

On entend donc par rendement d'une chaudière à vapeur le rapport entre la chaleur correspondant à la vapeur produite par kg de combustible, et la puissance calorifique de celui-ci.

Si l'on effectue plusieurs essais de vaporisation pour choisir le combustible approprié, il faut que les circonstances de fonctionnement, c'est-à-dire les consommations horaires d'eau d'alimentation et les pressions de vapeur soient les mêmes.

Si l'eau d'alimentation est mesurée au moyen de compteurs, pour la facilité, il faut multiplier leurs indications par le poids de l'eau, en tenant compte de sa température, et exprimer le résultat en kgs.

Pour des essais comparatifs, la méthode exposée ci-dessus suffit.

Si l'on établit des primes de combustible pour le personnel chauffeur, on recourt au procédé suivant. Supposant que le coefficient maximum réalisable de vaporisation soit 8, que le coefficient moyen pour l'année est 7,5, et que la prime mensuelle maxima soit de 18f,75, chaque dixième de différence entre 7,5 et 8 correspond à $\frac{18,75}{5} = 3,75$ fr. En d'autres termes, si le chauffeur parvient constamment à réaliser un coefficient de vaporisation égal à 7,8, il obtiendra une prime mensuelle de

$$(7,8 - 7,5)\ 10 \times 3,75 = 11^{f},25.$$

Dans les installations qui fonctionnent en circuit formé, comme les installations de chauffage, il est difficile de déterminer les quantités d'eau à vaporiser.

Pour déterminer la valeur économique d'un combustible, on peut procéder comme suit : on détermine la consommation horaire de combustible rapportée à une différence thermique de 1°, et on la multiplie par le prix unitaire ; en calculant le rapport entre les chiffres calculés pour les différents combustibles, on obtient leurs rapports économiques.

On suit le canevas suivant :

a) Durée de l'essai.
b) Température moyenne extérieure.
c) — — intérieure.
d) Différence $(c - b)$.
e) Consommation totale de combustible.
f) Consommation horaire de combustible pour une différence thermique de 1° $= \frac{e}{a(c-b)}$.
g) Prix du combustible par kg.

En désignant par les indices 1 et 2 les chiffres concernant deux combustibles, on a :

Rapport économique $= \frac{f^1 \cdot g^1}{f^2 \cdot g^2}$.

En outre, les poids des résidus de la combustion (cendres et scories) fournissent un bon élément pour juger de la valeur d'un combustible.

Plus ces résidus sont riches en carbone, plus grandes sont les pertes de chaleur correspondant à ces matières non brûlées.

Les puissances calorifiques indiquées au commencement de ce paragraphe sont déterminées en supposant que le carbone C se transforme, par la combustion, en anhydride carbonique CO_2, l'hydrogène H en vapeur d'eau H_2O, le soufre S en anhydride sulfureux SO_2.

Le carbone qui se transforme en oxyde de carbone CO, ne produit que 2500 cal. au lieu de 8100 cal. par kg. dans la transformation en CO_2.

Les poids suivant lesquels les éléments cités plus haut se combinent chimiquement sont les suivants :

$$C = 12$$
$$O = 16$$
$$H = 1$$
$$N = 14$$
$$S = 32$$

Il en résulte que :

12 kg. C se combinent à $2 \times 16 = 32$ kg. O pour donner 44 kg. CO_2.
2 kg. H — — 16 kg. O. pour donner 18 kg. HO_2
32 kg. S — $2 \times 16 = 32$ kg. O pour donner 64 kg. SO_2.

A la température de 0°C et à la pression barométrique de 760 mm , les poids de ces gaz sont les suivants :

Oxygène.	1,429 kg/m³.
Hydrogène	0,0895 —
Azote.	1,254 —

Les poids de C et d'O contenus dans le CO_2 sont dans le rapport.

$$\frac{C}{O_2} = \frac{12}{2 \times 16} = \frac{3}{8}.$$

Si l'on admet que dans 1 m³ d'air de combustion à 0°C contenant 21 °/ₒ en volume d'oxygène, celui-ci est complètement remplacé par du CO_2, la quantité totale de C comburée est

$$1,429 \times \frac{3}{8} \times 0,21 = 0,112 \text{ kg.}$$

Il en résulte qu'1 m³ de gaz brûlés, pris à 0°C, pèse

$$1,293 + 0,112 = 1,405 \text{ kg.}$$

A 273° C, le poids du m³ de gaz brûlés est :

$$\frac{1,405}{1 + \frac{1}{273} \times 273} = 0,7 \text{ kg. en chiffres ronds.}$$

On voit qu'en général le poids des gaz brûlés oscille entre 1,293 et 1,405 kg, réduits à 0°C, et entre 0,65 et 0,7 kg. à la température du carneau de 273° C.

On voit que la mesure du poids spécifique des gaz brûlés fournit des indications au sujet de la quantité d'air de combustion introduit et de l'excès d'air.

Ce dernier peut également se déterminer en partant de la quantité d'oxygène contenue dans les gaz brûlés, en observant que les teneurs d'oxygène dans l'air et dans les gaz brûlés sont dans un rapport inverse de celui des quantités d'air calculées et nécessaires.

$$\frac{\text{O de l'air}}{\text{O des gaz brûlés}} = \frac{\text{Air nécessaire}}{\text{Air calculé}} = \beta.$$

L'air contient en volume 21 % d'O et 79 % de N ; les gaz brûlés contiennent une quantité o % d'O et n % de N ; on a donc :

$$\beta = \frac{21}{21 - 79\frac{o}{n}}$$

En général, 1 kg. de charbon contenant, en poids, C % de carbone, S % de soufre, H % d'hydrogène, E % d'eau hygroscopique, en supposant que l'analyse dénote, dans les gaz brûlés, une teneur en volume de c % de CO_2 et n % de N, fournit les quantités suivantes de gaz :

1° *Anhydrique carbonique* CO_2 :

$$v_c = \frac{C}{100}\left[\frac{32+12}{2} \times \frac{1}{1{,}98}\right] = 0{,}0185 \text{ C cm}^3$$

à 0°C et 760 mm. de pression, correspondant à un poids, de CO_2 de 1,98 kg. par m³.

2° *Oxygène :* $$v_o = \frac{v_c \cdot o}{c} \text{m}^3$$

puisque les volumes gazeux sont dans le même rapport que leurs poids.

3° *Azote :* $$v_n = \frac{v_c \cdot n}{c} \text{ m}^3.$$

4° *Vapeur d'eau.*

$$v_e = \frac{E_1}{0{,}805} \text{ m}^3$$

en observant qu'1 m³ de vapeur d'eau pèse, à la pression atmosphérique, 0,805 kg, et en désignant par E_1 la somme

$$E_1 = E + 0{,}09 \text{ H} + 0{,}017\, \beta.\ A.$$

Dans cette somme, le terme E représente l'eau hygroscopique contenue dans le charbon ; le 2e terme tient compte de l'eau provenant de l'hydrogène, en se rappelant qu'1 kg d'H du combustible fournit 9 kg d'H_2O, et que le poids H d'hydrogène du combustible fournit

$$\frac{9.\ H}{100} = 0{,}09 \text{ H kg d'eau ;}$$

enfin le dernier terme provient de la vapeur d'eau contenue dans l'air à raison de 0,017 kg par m3 d'air à 20° C, en désignant par A le volume en m³ d'air de combustion calculé.

5° *Anhydride sulfureux* SO_2.

On sait qu'1 m³ de SO^2 pèse 2.864 kg, et qu'1 kg de S produit

$$\frac{32+32}{32}=2 \text{ kg de } SO_2$$

Le volume de SO_2 par kilogramme de combustible est donc

$$\frac{2.S}{2{,}864\times 100}=\frac{2\,S}{286{,}4}\ \text{m}^3.$$

Il en résulte que le volume total de gaz brûlés produit par 1 kg. de charbon est, à 0° C et à la pression de 760 mm. :

$$\left(v_c+\frac{v_c\,(o+n)}{c}+\frac{2\,S}{286{,}4}+\frac{E}{0{,}805}\right)\text{m}^3.$$

correspondant à un poids

$$\left(\frac{32+12}{12}\cdot\frac{C}{100}+1{,}429.\ O+1{,}254.\ N+\frac{32+32}{32}\cdot\frac{S}{100}+E_1\right)\text{kg.}$$

L'analyse des gaz brûlés peut aussi déterminer les pertes de chaleur dans un foyer. Ces pertes proviennent, d'une part de ce que les gaz brûlés s'échappent de la cheminée à une température plus élevée que celle de l'air de combustion, d'autre part et principalement, de la combustion incomplète, parce qu'on retrouve, dans les résidus et dans les gaz brûlés, des particules combustibles solides et gazeuses dont la proportion renseigne sur le bon rendement du foyer.

La quantité d'oxygène nécessaire pour brûler le combustible caractérisé plus haut est :

$$\frac{\frac{32}{12}.\ C+\frac{16}{2}.\ H+\frac{32}{32}.\ S-O}{100}\ \text{kg.}$$

ou :

$$\frac{2{,}667\ .\ C+8.H+S-O}{100\times 1{,}43}\ \text{m}^3$$

Il faut donc :

$$\frac{2{,}667\ .\ C+8{,}H+S-O}{100\times 1{,}43\times 0{,}21}\ \text{m}^3$$

d'air pour la combustion complète d'1 kg. du combustible en question.

Pour un charbon ayant la composition en poids :

$$80\ \%\ C+4\ \%\ H+8\ \%\ O+1\ \%\ N+1\ \%\ S+3\ \%\ H_2O,$$

il faudra donc, par kg,

$$\frac{2.667\times 80+8\times 4+1-8}{100\times 1{,}43\times 0{,}21}=8\ \text{m}^3$$

d'air de combustion à 0°C.

Supposons que l'analyse des gaz brûlés ait fourni :

$$15\ \%\ CO^2+5\ \%\ O+80\ \%\ N.$$

Alors, le kg, de combustible fournit :

$$80 \times 0{,}0185 = 1{,}483 \text{ m}^3 \text{ de } CO_2$$

$$\frac{1{,}483 \times 5}{15} = 0{,}494 \text{ m}^3 \text{ d'O}$$

$$\frac{1{,}483 \times 80}{15} = 7{,}909 \text{ m}^3 \text{ d'N}$$

$$\frac{2 \times 1}{286{,}4} = 0{,}007 \text{ m}^3\ SO_2$$

Total 9,893 m³ de gaz brûlés secs.

Le volume d'air consommé est

$$\frac{21}{21 - 79\,\frac{5}{80}} \times 8 = 10{,}48 \text{ m}^3$$

La quantité de vapeur d'eau produite est

$$0{,}03 + 0{,}09 \times 4 + 0{,}017 \times 10{,}48 = 0{,}568 \text{ kg} = 0{,}7\ m^3$$

Les pertes de chaleur provenant de ce que les gaz brûlés s'échappent à une température élevée par rapport à celle de l'air de combustion s'évaluent comme suit, en supposant une température de gaz brûlés de 273° C, et une température de l'air de combustion de 23° C :

$$(9{,}893 + 0{,}7)\ 0{,}34\ (273\text{-}23) = 900 \text{ cal.}$$

en adoptant 0,34 comme chaleur spécifique moyenne des gaz brûlés :

La perte calorifique provenant d'une combustion incomplète peut atteindre le double de cette valeur suivant la proportion et l'espèce de résidus comburables.

On peut admettre en général que les chaudières employées habituellement dans les centrales de chauffage utilisent 50 °/₀ de la chaleur développée théoriquement.

C'est pourquoi on compte sur une puissance calorifique de 4000 cal./kg. pour le coke, ou le charbon, et 2000 cal./kg. environ pour le lignite, le bois, la tourbe, etc.

Nous donnons ci-après la composition de ces combustibles.

	C	O	H	N	S	H_2O	Cendres
Coke	73	2,5	0,5	0,5	2,5	2,8	18,2
Charbon	80	8	4	1	1	3	3
Lignite	32	10	2	0,6	0,6	50	4,8
Bois(sec)	50	43	6	—	—	—	1,0
Tourbe	48	41	6,5	1,16	—	—	3,34

Le volume théorique d'air de combustion par kg. de combustible est de 8 m³ (à O° C) pour le charbon ou le coke, et 4 m³ environ pour le lignite, le bois, la tourbe.

Pratiquement, il faut introduire dans le calcul 1,8 fois ce volume, parce que la constitution physique du combustible rend difficile l'accès de l'air et le mélange avec celui-ci.

Si l'on observe en outre qu'à la température du carneau (273° C) les gaz brûlés occupent un volume double environ, on en conclut que, pour brûler 1 kg. de charbon ou de coke, il faut

$$8 \times 1{,}8 = 15 \text{ m}^3 \text{ d'air à } 0^\circ \text{ C},$$

et la cheminée devra évacuer

$$15 \times 2 = 30 \text{ m}^3 \text{ de gaz.}$$

Remarquons que pour développer une même quantité de chaleur, il faut brûler environ 2 fois autant de lignite, bois ou tourbe que de charbon ou coke ; on voit donc que, dans l'unité du temps, il s'échappera dans la cheminée la même quantité de gaz. De sorte qu'on peut adopter la même section de cheminée dans les deux cas.

En ce qui concerne le carneau, on ne doit pas, sous prétexte d'éviter le dépôt des cendres volantes, lui donner des dimensions inutilement exagérées ; il vaut mieux prévoir un dispositif permettant son nettoyage fréquent.

Pour la surface totale de grille on peut prendre les chiffres suivants :

Pour 100 kgs de	coke	. . . .	1 m².
—	—	charbon	1,5 m².
—	—	bois tourbe, lignite.	2,0 m².

La section libre de la grille est :

Pour le coke et le charbon.	50 % de la surface totale.
Pour le bois, la tourbe, le lignite.	30 % — —

Les valeurs exactent se déterminent dans chaque cas.

§ 2. — Calcul de la cheminée.

La section de la cheminée se calcule par la formule

$$w = \frac{Q}{v \cdot 3600} m^2,$$

en désignant par Q le volume en m³ des gaz brûlés, et par v la vitesse d'écoulement réalisable. D'après ce que nous avons dit précédemment, Q = 30 pour 1 kg. de coke, la température du carneau étant de 273° C.

Les pertes par frottement et les résistances dans la canalisation s'expriment en mètres de colonne de gaz par les formules connues.

$$\frac{v^2}{2g} \cdot \frac{l \cdot \rho \cdot \varphi}{w} = p_1 ;$$

$$\frac{v^2}{2g} \cdot \Sigma \xi = p_2.$$

Si la charge $\frac{v^2}{2g}$ correspondant à la vitesse est notée p_3, et si l'on appelle p'' la résistance (déterminée par essai) de la chaudière et de la couche de combustible, la chute de pression totale, depuis l'entrée sous la grille jusqu'à la sortie de la cheminée, sera.

$$P = \gamma (p_1 + p_2 + p_3) + p'' = p' \times H \text{ (mm. d'eau)}.$$

Dans cette formule, γ est le poids d'1 m³ de gaz brûlés à la température convenable dans le carneau et à la pression barométrique normale ($\gamma = 0{,}7$ à 273°) ; la quantité p' représente la chute de pression en mm. d'eau, pour 1 m. de hauteur de cheminée $= 1.293 - 0{,}7 = 0{,}59$; H est la hauteur de la cheminée en mètres.

Le terme p_1 joue un rôle très subordonné dans le calcul et peut être négligé.

Si l'on pose $p_2 = 5$ et $p'' = 8,5$ à 12 mm. suivant que la cheminée a une

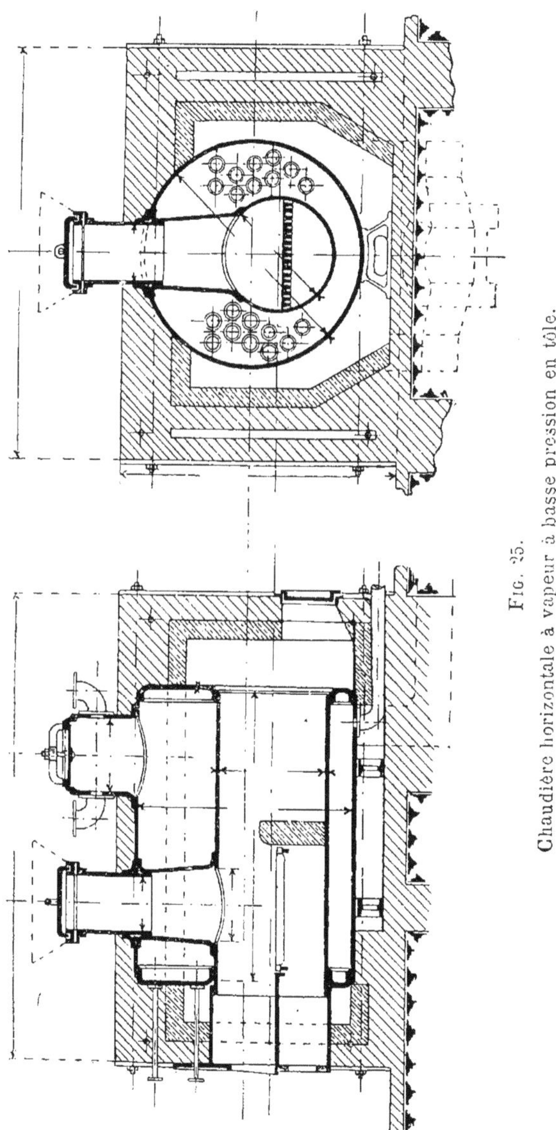

Fig. 25. Chaudière horizontale à vapeur à basse pression en tôle.

hauteur inférieure ou supérieure à 20 m., on obtient, pour le calcul de la hauteur de la cheminée, la formule simple suivante :

$$H = \frac{4,2\, v^2}{2g \times 0,59} + \frac{8,5 \text{ à } 12}{0,59},$$

le terme 4,2 étant égal à $(5 + 1)\, 0,7$.

Dans l'abaque, les hauteurs H sont données, pour différentes valeurs de v, et les calories correspondantes, dans les cheminées à section circulaire.

Par exemple, une cheminée de 250 mm. de diamètre, dans laquelle les gaz brûlés s'écoulent à la vitesse de 2 m./sec, débite 48.000 cal., ce qui correspond à 12 kilos de coke. Pour la vitesse de 2 m., la cheminée doit avoir

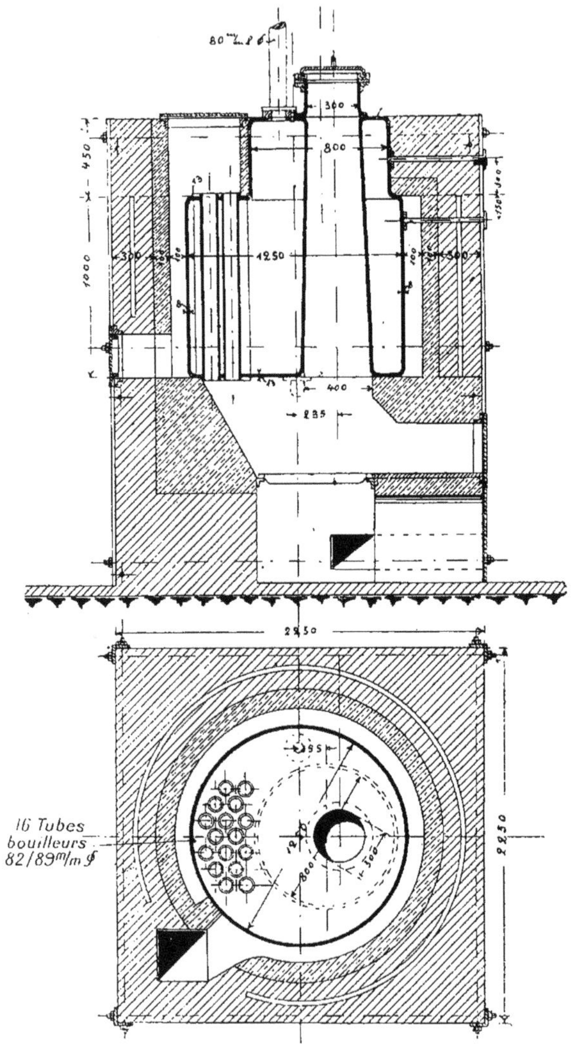

Fig. 26 a.
Chaudière verticale à vapeur à basse pression en tôle
(10^{m2} de surface de chauffe ; pression d'essai 4 atm.).

16 m. de hauteur. La courbe des pertes de pression est tracée en traits interrompus.

Dans le calcul, on suppose le cas le plus défavorable, c'est-à-dire que l'installation doit fonctionner pour une température moyenne hivernale de 0°C.

Cette hypothèse, souvent, ne se réalise qu'exceptionnellement dans le cas des chaudières à haute pression, qui doivent exclusivement desservir des machines, etc.

Pour de pareils cas, l'abaque doit subir une modification appropriée. Comme les installations de chauffage ont un fonctionnement qui dépend la plupart du temps des machines et des chaudières, celles-ci travaillent peu en été lorsqu'on supprime le chauffage, de sorte que, pour les besoins de la technique du chauffage, les formules données et les valeurs fournies par l'abaque sont exactes. Ces dernières sont déterminées en supposant que le praticien, pour les installations de chaudières à résistance relativement forte de la couche de coke, exige généralement de grandes cheminées, et qu'il faut déterminer les hauteurs de cheminées en fonction des pressions p''.

Un calcul exact des cheminées n'est pas possible à cause des variations de la résistance du combustible et de la température des gaz brûlés.

§ 3. — **Chaudières en tôle.**

La résistance de la tôle de fer aux influences chimiques et mécaniques sera traitée dans le paragraphe concernant les chaudières en fonte.

Les chaudières en tôle sont horizontales ou verticales (voir fig. 25 et 26 a).

Quand l'espace disponible le permet, il est préférable de prendre des chaudières sans tubes de fumée, car celles-ci ont durée plus grande que les chaudières à tubes de fumée. L'expérience montre que ces tubes se rouillent avant le corps et la trémie de remplissage de la chaudière, et doivent être remplacés, ce qui ne se fait pas toujours sans difficulté.

Pour tenir compte de la corrosion et pour permettre un matage convenable des rivures, il convient d'adopter une épaisseur de tôle supérieure à 8 mm.

L'emploi de grilles à refroidissement par eau ne s'est pas encore répandu quoique, dans l'état actuel de la technique de la soudure, il y ait des dispositifs utilisables.

Lorsqu'on adopte ce genre de grille, il faut veiller à l'évacuation des bulles de vapeur qui se forment, pour réaliser constamment le plein d'eau à l'intérieur de la grille.

Dans les types de chaudières des fig. 25 et 26 *b*, la combustion du combustible se fait à la base de la trémie de chargement, de sorte que les gaz brûlés ne traversent pas celle-ci. On devra veiller à ce que, en service, le magasin de combustible soit le plus plein possible et que la grille soit maintenue recouverte d'une couche uniforme de combustible.

Il est indispensable que les portes de foyers et les clapets ferment hermétiquement, pour éviter l'entrée d'air parasitaire, ce qui peut diminuer considérablement le rendement de l'installation.

Les surfaces de chauffe de la chaudière sont fournies par les tables VII et VIII.

On compte comme surfaces de chauffe, toutes les surfaces en contact avec l'eau et le feu, à l'exception des fonds qui sont recouverts de suie et de cendres volantes isolantes.

En ce qui concerne le calcul de l'épaisseur des tôles, voir le chapitre *Eléments de machines*. La production de vapeur atteint, dans les chaudières à tubes-foyer à grandes surfaces de chauffe directes, 20 à 25 kg, et dans les chaudières à tubes de fumée et tube-foyer court, 15 kg. par m², pour un rendement de 60 à 70 %. L'absoption spécifique de chaleur dans les tubes de fumée est égale à 25 % environ de celle dans le tube-foyer.

Table VI. **Chaudières à vapeur à basse pression**

HORIZONTALES

M² de surface de chauffe de la chaudière à eau chaude	Surface de chauffe m²	Chaudière *d* m/m	Chaudière *l* m/m	Nombre des tubes de fumée de 82/89	N. M. h_1 m/m	Massif de maçonnerie B m/m	Massif de maçonnerie L m/m	Massif de maçonnerie H m/m	Poids sans garniture kg
8,4	8	1 100	1 250	8	1 133	2 000	2 250	1 600	850
10,5	10	1 100	1 350	12	1 133	2 000	2 350	1 600	930
12,6	12	1 200	1 350	16	1 200	2 100	2 350	1 700	1 055
14,7	14	1 200	1 500	18	1 200	2 100	2 500	1 700	1 160
16,8	16	1 200	1 600	20	1 200	2 100	2 600	1 700	1 230
18,9	18	1 200	1 650	24	1 200	2 100	2 650	1 700	1 320
21,0	20	1 300	1 700	26	1 266	2 200	2 700	1 800	1 465
23,0	22	1 300	1 700	30	1 266	2 200	2 700	1 800	1 515
25,2	24	1 300	1 700	34	1 266	2 200	2 700	1 800	1 570
28,6	26	1 400	1 750	36	1 333	2 300	2 750	1 900	1 680
30,8	28	1 500	1 725	40	1 400	2 400	2 725	2 000	2 000
33,0	30	1 500	1 725	44	1 400	2 400	2 725	2 000	2 060
35,2	32	1 500	1 775	46	1 400	2 400	2 775	2 000	2 130
37,4	34	1 600	1 850	46	1 466	2 500	2 850	2 100	2 290
39,6	36	1 600	1 950	46	1 466	2 500	2 950	2 100	2 390
41,8	38	1 700	2 050	46	1 533	2 600	3 050	2 200	2 775
44,0	40	1 700	2 150	46	1 533	2 600	3 150	2 200	2 870

VERTICALES

Surface de chauffe m²	Chaudière *d* m/m	Chaudière *h* m/m	Nombre de tubes de fumée de 82/89	N. M. h_1 m/m	Massif de maçonnerie B m/m	Massif de maçonnerie L m/m	Massif de maçonnerie H m/m	Poids sans garniture kg
8	1 000	1 100	15	2 100	1 900	1 900	2 350	660
10	1 000	1 275	17	2 275	1 900	1 900	2 525	750
12	1 100	1 300	21	2 300	2 000	2 000	2 550	860
14	1 100	1 500	21	2 500	2 000	2 000	2 750	950
16	1 200	1 325	30	2 325	2 100	2 100	2 575	1 025
18	1 200	1 500	30	2 500	2 100	2 100	2 750	1 120
20	1 200	1 650	30	2 650	2 100	2 100	2 900	1 210
22	1 300	1 500	38	2 500	2 200	2 200	2 750	1 285
24	1 300	1 650	38	2 650	2 200	2 200	2 900	1 380
26	1 300	1 775	38	2 775	2 200	2 200	3 025	1 465
28	1 400	1 650	45	2 650	2 300	2 300	2 900	1 540
30	1 400	1 775	45	2 775	2 300	2 300	3 025	1 640

Les chaudières à eau chaude verticales ont la même surface de chauffe que les chaudières à vapeur verticales.

N. M. = Niveau moyen de l'eau.

Table des dimensions des chaudières et boilers pour $p = 5$ atm.

Table VII.

	Boiler		Chaudières								
Diam. D en mm.	600	800	1000	1100	1200	1300	1400	1500	1600	1700	
Tôle du corps $e = 0,5\ d =$	5*	6	7	8	9	9	10	10	11	12	Dimensions principales
Fonds ** $d =$			(8) 10	(8) 10	(8) 10	(8,8) 11	(8,8) 11	(10,4) 13	(10,4) 13	(11,2) 14	
Puits de chargement et tube-foyer $d =$				10		11		12		13	d'après l'expérience
Diamètre du tube-foyer				600		650		750		800	
Fatigue par cm. de largeur de tôle en kg.			125	137,5	150	162,5	175	187,5	200	212,5	$\frac{Dp}{4}$ Rivure circulaire
Diamètre des rivets $d =$	10	12	14	16	18	18	20	20	22	24	Rivure longitudinale à 1 rang de rivets
Ecartement $s = 2,5\ d$	25	30	35	40	45	45	50	50	55	60	
Réserve latérale $s_1 = \frac{1,25\ s}{2}$	18	21	24	27	30	30	33	33	36	39	
Résistance de la rivure pour une largeur de tôle de 1 cm.	188	226	263	300	340	340	378	378	414	450	$\frac{\pi d^2}{4} \times 600 / s$ = Résistance de la rivure par cm. de largeur de tôle.
Fatigue par cm. de largeur de tôle en kg.	150	200	250	275	300	325	350	375	400	425	$\frac{Dp}{2}$ = fatigue par cm. de largeur de tôle.

Boiler						
Diamètre D en mm.	600	800	1000	1200	1400	
Tôle du corps $e =$	5	6	7	9	10	
Fond sphérique $\delta =$	Le calcul donne pour le fond une épaisseur plus faible que celle du corps de la chaudière, on adopte celle-ci.					
Calotte sphérique $D_1 = 2\ D$ $\delta R = \frac{Dp}{2}$	5*	6	7	9	10	
Fond plat : $\delta = 0,0016\ D.p$	5**	6,5	8	10	11,5	Déformation en bosse pour une dilatation des fibres $< 1\ ^0/_0$.

Exemple : Quelle épaisseur doivent avoir les parois d'un boiler de 1000 mm. de diamètre pour une pression de 5 atm. ?

Résistance de la rivure longitudinale $\frac{Dp}{2} = \frac{100 \times 5}{2} = 250.$

Dimension donnée par la 3e colonne : $e = 7$ mm. ; adopter 8 mm.*
Fond (plat, sphérique ou en calotte) : $\delta = 8$ mm.

Pour le calcul des chaudières, employer les mêmes formules fondamentales que pour les boilers. Pour des tôles de 8 mm. (1e colonne) on a :

Fond, puits de chargement, tube-foyer : épaisseur $\delta =$	10 mm.
Diamètre du tube-foyer :	600 mm.
Diamètre des rivets :	16 mm.
Ecartement des rivets :	40 mm.
Réserve latérale :	27 mm.

Formule fondamentale : $(s-d)\ e . R = \pi \frac{d^2}{4}\ 600$; pour $s = 2,5\ d$, on a $e = 0,5\ d$; fatigue totale d'une rivure longitudinale $= D.l.p$ kg. ; Fatigue par unité de longueur :

$$\frac{D.l.p}{2\ l} = \frac{D.p}{2}$$

pour $\widehat{AB} = \overline{AB} . 1,001$, $D_1 = 11,5\ D$;

$D_1 . l . p = 2\ \delta . l . L$:

$$\frac{D_1 . p}{2\ L} = \delta = \frac{11,5 . p . D}{2\ L}$$

Pour $D = \varepsilon$ et $L_1 = 1750$ on a $\delta = 0,0032 . \varepsilon . p$.

* Ne pas descendre au-dessous de 8 mm. en vue de la durée de la chaudière.

** $\delta = 2 + 0,0032\ \varepsilon\ p$; $\varepsilon = 500$ pour un diam. de 1000-1200 mm.
$\varepsilon = 550$ — 1300-1400
$\varepsilon = 650$ — 1500-1600
$\varepsilon = 700$ — 1700

Toutes les dimensions sont en mm. Les épaisseurs calculées conviennent pour les tôles de fer. Exprimer le coefficient de résistance à l'extension R en kg/cm², et les longueurs en cm.

* Le fond a les mêmes dimensions que la rivure longitudinale du corps auquel il appartient. Ne pas adopter une épaisseur inférieure à 1 m/m, sinon on ne peut mater convenablement les bords.

** Les valeurs deviennent notablement plus grandes si l'on n'admet pas la déformation en bosse dans les limites de l'élasticité.

Les applications suivantes donneront des indications sur le rendement des surchauffeurs intercalés, dans les carneaux des chaudières à haute pression.

Application 22. — *Une machine à vapeur ayant une puissance normale de 125 HP, fonctionnant à échappement libre, consomme par cheval-heure 8 kg. de vapeur à 10 atm., qui est surchauffée de 100° avant d'être distribuée à la machine.*

Quelle est la chaleur nécessaire pour la surchauffe, si la vapeur contient 2 % d'eau en entrant dans le surchauffeur intercalé dans les carneaux de la chaudière ?

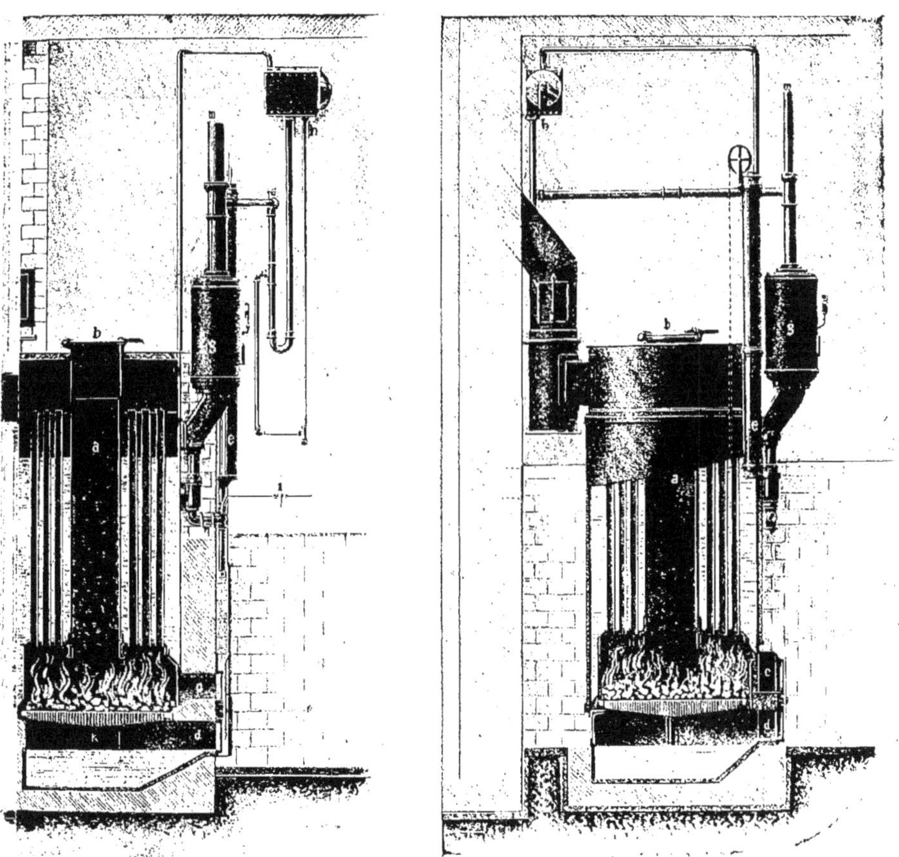

FIG. 26 *b*. — Chaudière en tôle Nessi

La température de la vapeur à 10 atm. est de 183° C ; la chaleur spécifique de la vapeur surchauffée est, à pression constante, égale à 0,54.

La consommation totale par heure est :

$$125 \times 8 = 1000 \text{ kg.}$$

Pour surchauffer l'eau emportée par la vapeur, il faut :

$$1000 \times \frac{2 \times 537}{100} = 10740 \text{ cal.}$$

La consommation totale de chaleur sera :

$$10740 + 1000 \times 0{,}54\,(283 - 183).$$
$$= 64740 \text{ cal./heure.}$$

Application 23. — *Le surchauffeur est installé à un endroit où les gaz brûlés sont à 600° C. Quelle doit être la surface de chauffe du surchauffeur, si le coefficient de transmission des gaz brûlés à la vapeur à travers le métal est supposé égal à 10 ?*

Fig. 27. — Chaudière à vapeur Rapid.

La surface de chauffe du surchauffeur absorbe par m² :

$$10\,(600 - 283) = 3170 \text{ cal.}$$

La surface totale du surchauffeur sera donc :

$$\frac{64740}{3170} = 20 \text{ m}^2.$$

Quelle est la part qui revient à la surchauffe dans la chaleur totale emmagasinée dans la vapeur ?

Cette dernière est :

$$662,3 \times 1000 = 662300 \text{ cal.}$$

Comme on a consommé 64740 cal. pour la surchauffe, le chiffre cherché est:

$$\frac{64740}{662300} = 9,7 \text{ \%}.$$

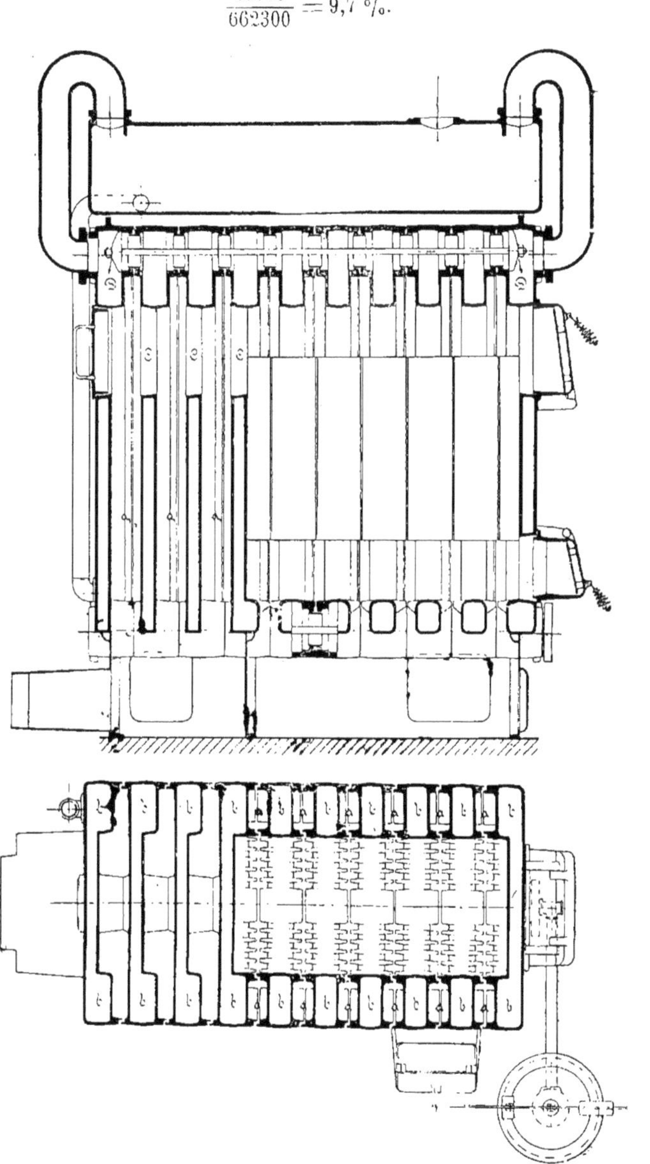

Fig. 27a. — Chaudière à vapeur Rapid (*Niederrheinisches Eisenwerk, Dülken*) coupes verticale et horizontale.

§ 4. — Chaudière en fonte.

La fonte, comparée au fer soudé, est caractérisée par sa plus grande teneur en carbone qui augmente plus ou moins la dureté et diminue la déformabilité. La résistance à la compression est 5 fois ausssi forte que la résistance à l'extension, pour la fonte.

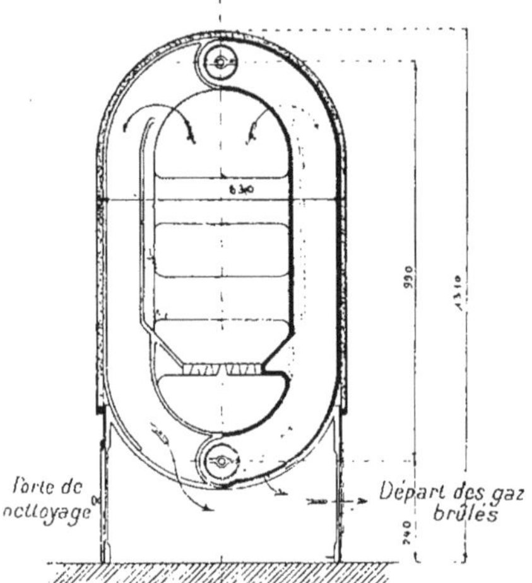

Fig. 28. — Coupe transversale dans une chaudière sectionnée Strebel,

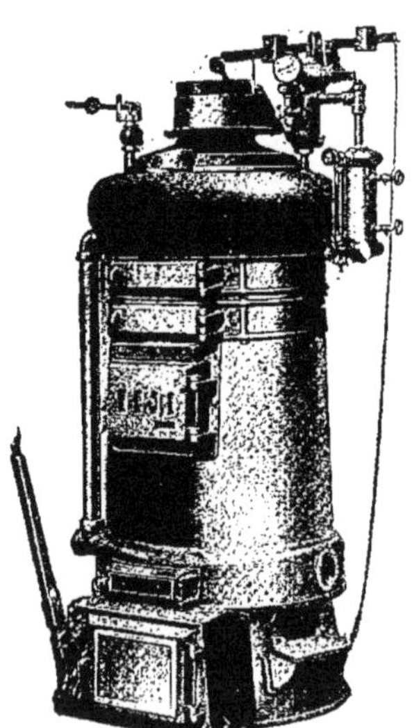

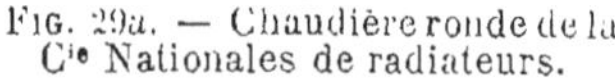
Fig. 29*a*. — Chaudière ronde de la Cie Nationales de radiateurs.

Fig. 29*b*. — Chaudière Idéal sectionnée pour vapeur.

Il en découle que, dans la construction de chaudières en fonte, on doit veiller soigneusement à la compensation des efforts de tension et de flexion.

Ceux-ci peuvent survenir également par suite de fautes commises dans le service, tel que le remplissage au moyen d'eau froide pendant le fonctionnement, comme c'est souvent le cas dans les chaudières en fonte pour chauffage par la vapeur à basse pression.

Souvent, dans ces chaudières, des fissures préexistantes se propagent par le fonctionnement; il peut arriver que l'eau fuie, et que le niveau s'abaisse sous le foyer, ce qui peut provoquer un rougissement de celui-ci.

Si la position relative de la surface de chauffe et du niveau de l'eau n'est

Fig. 29c. — Chaudière Strebel à eau chaude.

pas bien déterminée dans une chaudière en fonte, celle-ci produit de la vapeur humide, dont il faut éliminer l'eau de primage. Il peut en résulter, quand des chaudières de l'espèce sont groupées, des pertes de combustible et des fluctuations dangereuses du niveau de l'eau.

Les avantages des chaudières en fonte, par rapport aux chaudières en tôle, consistent dans leur faible encombrement et dans la suppression de

FIG. 29d. — Chaudière Strebel E C A

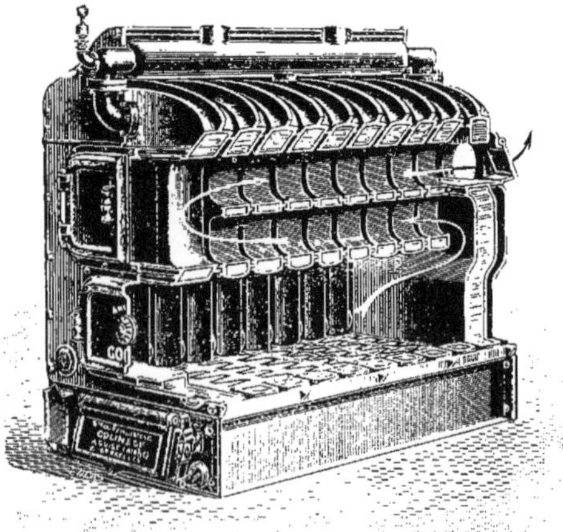

FIG. 29e. — Chaudière sectionnée Colin et Cie

l'enveloppe en maçonnerie. En outre elles offrent une plus grande résistance à la corrosion parce que la pellicule provenant de la coulée en moule est dure et constitue une bonne protection contre la rouille.

Suivant la forme, on distingue des chaudières à magasin de combustible, et des chaudières à foyer formant magasin. Dans les premières le magasin est froid, elles ont l'avantage de permettre le réglage facile de la pression

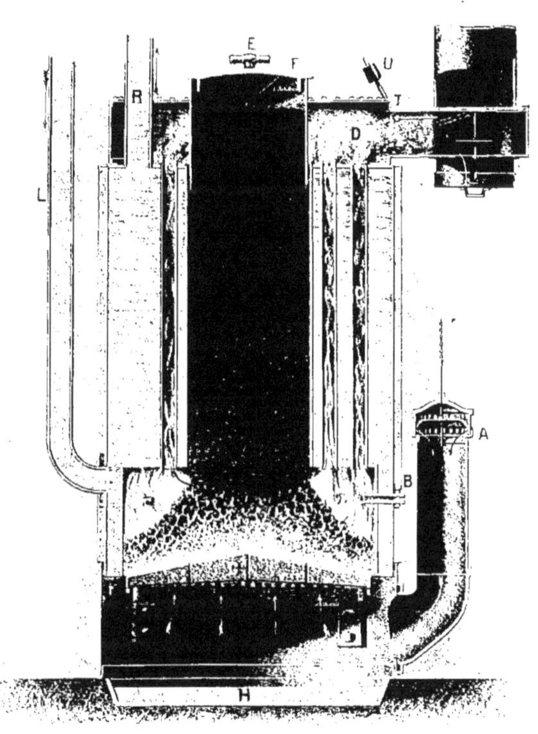

Fig. 29*f*. — Chaudière Grouvelle et Arquembourg à eau chaude.
Vue en coupe.

de vapeur; ce qui n'est pas le cas pour les autres, dont le magasin de combustible peut aisément être complètement en ignition. Par contre, cette dernière particularité donne lieu à une meilleure utilisation du combustible.

On ne peut fournir des chiffres exacts résultant d'essais comparatifs de vaporisation, faute de publication de ceux-ci. Le mode de chargement de la chaudière, soit par le dessus, soit par devant, est un élément de distinction.

En général le chargement par trémie supérieure est plus commode que le chargement par le devant.

Par suite de la possibilité de réaliser dans les éléments des chaudières en fonte, des grilles à circulation d'eau, on évite de devoir remplacer les barreaux de grille, sujétion qui existe dans les chaudières à grille sans circulation d'eau, et entraîne des frais. C'est là un avantage non négligeable des chaudières en fonte.

Comme conclusion, on ne peut hésiter dans l'emploi des chaudières en

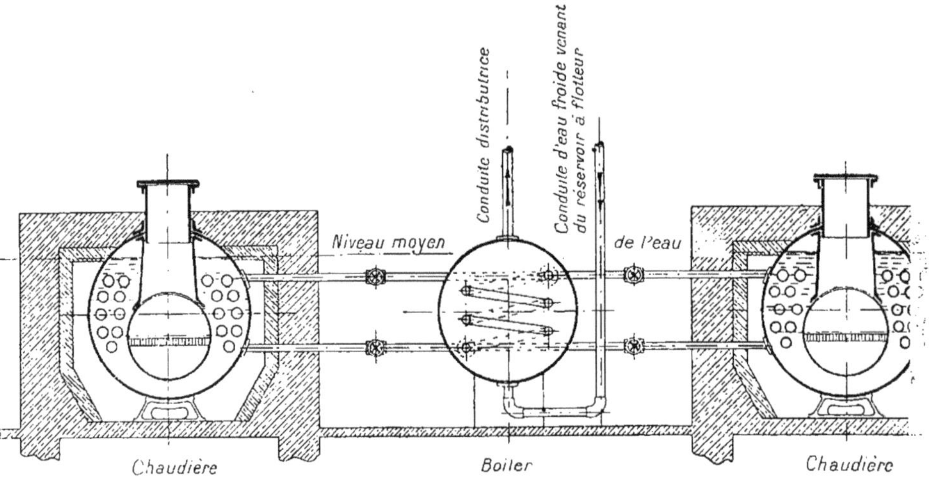

Fig. 30a.

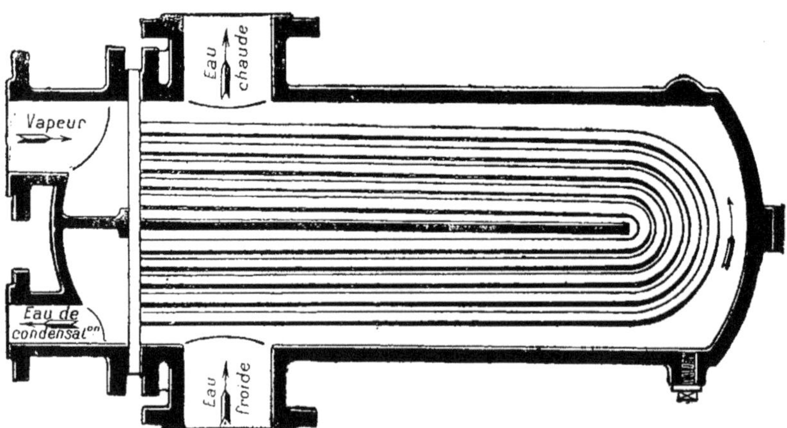

Fig. 30b.

fonte pour eau chaude ; en ce qui concerne les chaudières à vapeur en fonte, on s'y décidera suivant les cas.

Pour terminer nous signalerons l'installation représentée fig. 30a.

C'est un chauffage par la vapeur à basse pression combiné avec une installation d'eau chaude. L'eau de la chaudière circule dans le serpentin en cuivre du boiler où se prépare l'eau chaude ; ce dispositif augmente le volume d'eau de la chaudière.

La rupture des éléments des chaudières à vapeur en fonte a toujours pour

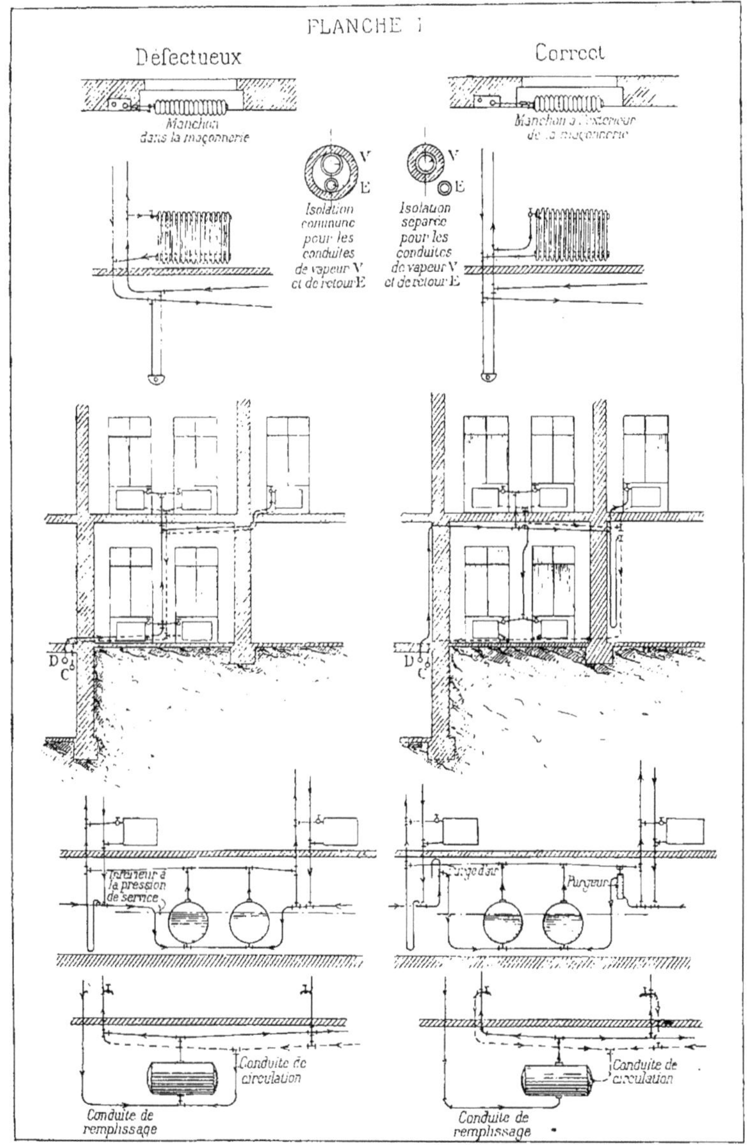

cause l'intervention de tensions dangereuses dans le métal. Ces tensions peuvent se produire :

1° Quand, à la suite d'un manque d'eau dans la chaudière, le chauffeur alimente en eau froide.

2° Quand, par suite de l'exiguïté des chambres qui existent à l'intérieur des éléments, l'eau s'y transforme en vapeur, ce qui provoque un échauffement dangereux de la fonte.

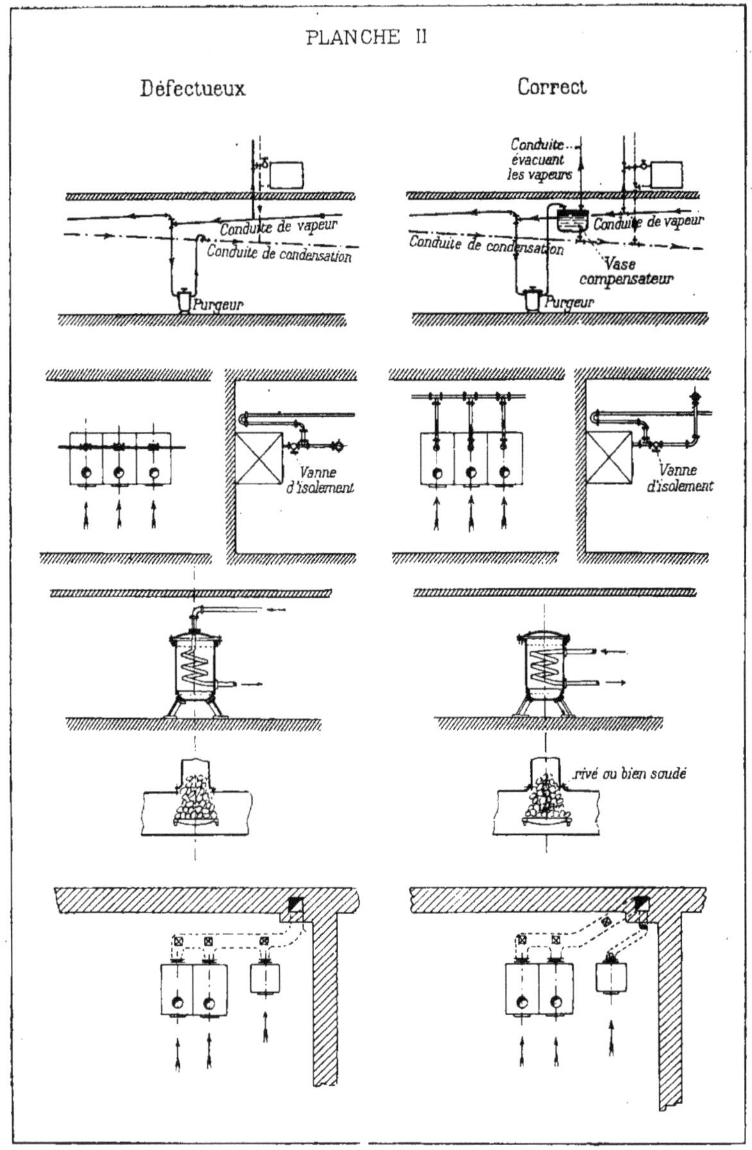

Le manque d'eau dans la chaudière peut se produire également dans les cas suivants :

a) Quand la vapeur entraîne de grandes quantités d'eau de primage, et que le remplacement de l'eau ne se produit pas assez vite.

b) Quand le point le plus bas de la conduite d'eau de condensation est, au-dessus du niveau de l'eau dans la chaudière, d'une hauteur inférieure à la pression hydrostatique correspondant à la tension de vapeur, de sorte que l'eau de la chaudière est refoulée dans la conduite d'eau de condensation.

Un fonctionnement défectueux du régulateur peut provoquer les mêmes phénomènes.

c) Quand le chauffeur, devant des variations de consommation de vapeur, ne se fie qu'à l'action du régulateur, et néglige de charger la trémie à la demande.

D'après ce qui précède, il est visible que l'on doit procéder avec réflexion dans le montage d'une chaudière à vapeur en fonte.

Dans les chaudières à vapeur en tôle, à l'encontre des chaudières en fonte, les dégradations par suite de fautes de service, ne se manifestent qu'au bout de plusieurs années.

CHAPITRE V

ELÉMENTS DE MACHINES

§ 1. — Rivures (1).

La résistance des réservoirs en tôle soumis à une pression extérieure ou intérieure, dont les boilers forment une catégorie, dépend en premier lieu de la résistance de l'assemblage rivé.

Les rivets ont pour but d'augmenter la résistance de frottement des tôles superposées, de façon à éviter leur glissement latéral dans les limites d'élasticité de la tôle supposée pleine.

En se basant sur des essais (voir *Haeder*, Bau und Betrieb der Dampf-Kessel), on admet que le cm² de section de rivet donne une résistance au cisaillement de *600 kg*. dans le cas d'une rangée de rivets cisaillés dans une seule section, et de *1000 kg* dans le cas de deux rangées de rivets cisaillés dans une seule section.

Désignons par e l'épaisseur de la tôle, par d le diamètre d'un rivet, par s l'écartement des rivets, (distance entre axes des rivets), par R la résistance à la traction de la tôle, égale à 600 kg/cm² puisque, comme nous l'avons dit plus haut, la résistance de la rivure doit être égale à celle de la tôle.

Nous aurons :

a) Rivets sur une rangée.

$$\frac{\pi d^2}{4} \times 600 = (s - d)\, e.\, R$$

b) Rivets sur deux rangées.

$$\frac{\pi d^2}{4} \times 1000 = (s - d)\, e.\, R$$

Pour des raisons de pratique, on prend comme écartement

$s = 2{,}5\, d$ dans le cas d'une rangée.
$s = 3{,}5\, d$ » de deux rangées.

Dans ces conditions, on a, dans les deux cas, pour le rapport entre l'épaisseur de la tôle et le diamètre du rivet

$$\frac{e}{d} = 0{,}5\,;$$

(1) Calcul de la résistance des chaudières et boilers en tôle rivée pour chauffage central et préparation d'eau chaude. (Voir Gesmidheits, Ingénieur, 1909, n° 11.

en d'autres termes l'épaisseur de la tôle est égale à la moitié du diamètre du rivet.

Considérons un récipient cylindrique fermé de diamètre D cm et de longueur *l* cm, soumis à une pression de *p* atm.

L'effort total supporté par les rivures est le suivant :

a) Rivure transversale (circulaire).

$$\frac{\pi D^2}{4} . p \text{ kg.}$$

b) Rivure longitudinale.

$$D . L . p \quad \text{kg.}$$

L'effort par cm de largeur de tôle est, d'après cela :

a) Rivure transversale.

$$\frac{\frac{\pi D^2}{4} . p}{\pi . D} = \frac{D . p}{4} . \quad \text{kg.}$$

b) Rivure longitudinale.

$$\frac{D L . p}{2 L} = \frac{D p}{2} . \quad \text{kg.}$$

La résistance d'une rivure calculée d'après *a)* et *b)*, atteint, par cm de largeur de tôle :

a) $\frac{\pi d^2}{4} . \frac{600}{s}$

b) $\frac{\pi d^2}{4} . \frac{1000}{s}$

Les épaisseurs des fonds hémisphériques sont égales à celles des rivures transversales du réservoir.

L'épaisseur d'un fond plat s'obtient en supposant que, dans les limites de l'élasticité, la pression l'incurve en forme de calotte sphérique, pour laquelle le calcul est identique à celui d'un fond hémisphérique. Il s'agit donc de déterminer, en se basant sur la flèche de la calotte ainsi formée, le diamètre de la spère idéale dont elle fait partie.

a la limite d'élasticité, la dilatation linéaire des fibres, pour le fer et l'acier, est environ $\frac{1}{1000}$, de sorte que, dans le croquis de la table VII, l'arc AB est égal à 1,001 D.

L'angle au centre est alors de 10° ; on a R = 5,75 D ; R étant le rayon de la sphère à laquelle appartient la calotte AB, et D le diamètre du corps cylindrique ou récipient. Comme $D^1 = 2$ R, on a finalement :

$$D_1 = 11,5 \text{ D.}$$

L'épaisseur δ de la paroi d'une sphère de diamètre D_1 se calcule facilement en remarquant que la résistance de la paroi (d'épaisseur δ et de périphérie πD_1) est égale à la pression totale sur le grand cercle $\frac{\pi D_1^2}{4}$: donc :

$$\pi D_1 . L . \delta = \frac{\pi D_1^2}{4} . p ;$$

d'où

$$\delta = \frac{D_1 . p}{4 L} .$$

Pour les tôles, la valeur de la limite d'élasticité L. est :

a) Fer soudé $L = 1750$ kg./cm²
b) Acier $L = 2800$ kg./cm²

On voit donc que l'épaisseur du fond plat (non raidi) d'un récipient de diamètre D, est donnée par la formule :

$$\delta = \frac{11{,}5 \, D . p}{4 \, L}.$$

En d'autres termes :
a) Tôles de fer soudé :

$$\delta = \frac{11{,}5 \, D . p}{4 \times 1750} = 0{,}0016 \, D . p \, . \text{cm}.$$

b) Tôles d'acier.

$$\delta = \frac{11{,}5 . D . p}{4 \times 2800} = 0{,}001 \, D . p \, . \text{cm}.$$

Pour les fonds en calotte sphérique, on peut utiliser la formule générale

$$\delta = \frac{D_1 . p}{4 . R},$$

quand le rapport $\frac{D_1}{D}$ est connu, et en appelant R le coefficient de résistance.

Dans la plupart des cas, on a $\frac{D_1}{D} = 2$; on prend $R = 600$ kg./cm² pour qu'il ne se produise aucune déformation dans les limites de l'élasticité. Dans ces conditions, l'épaisseur d'un fond en calotte sphérique ayant un rayon de courbure égale au double du diamètre D du corps cylindrique. est égale à :

$$\delta = \frac{2 \, D . p}{4 . R} = \frac{D . p}{2 \, R}.$$

On voit que la rivure de cette calotte aura les mêmes dimensions que la rivure longitudinale du corps cylindrique.

Pour les parois planes n'appuyant pas uniformément sur leurs bords, mais fixés uniquement aux quatre coins, comme c'est le cas pour les portions de tôle de fond comprises entre les tubes de fumées, on admet que la déformation se fait en surface cylindrique.

Un cylindre de diamètre D_2 cm et de longueur l cm, soumis à une pression intérieure, oppose à la déchirure, une résistance de

$$2 \delta . l . L \text{ kg.}$$

qui doit être égale à l'effort total

$$D_2 . l . p \text{ kg.}$$

Donc :

$$2 \delta \, l . L = D_2 . l . p \, ;$$

d'où :

$$\delta = \frac{D_2 . p}{2 . L} . \text{ cm.}$$

Si nous appelons ε la distance entre les points d'appui (voir croquis inférieur de gauche de la table VII), d'après ce que nous avons dit plus haut au sujet des fonds plats, le diamètre D_2 du cylindre de déformation de la paroi entre ces points d'appui, est

$$D_2 = 11{,}5 \, \varepsilon.$$

Table VIII. Dimensions des chaudières à tubes-foyers pour vapeur à haute pression

Surface de chauffe	Longueur de la chaudière	Diamètre de la chaudière	Diamètre des tubes-foyers	Nombre des tubes-foyers	Epaisseurs des tôles			Pression de service en atm.	Poids		Massif de maçonnerie			Cheminée		Prix de la chaudière avec garnitures	Prix de la cheminée
					Corps de chaudière	Tube-foyer	Fonds		Chaudière	Grosses garnitures	Longueur	Largeur	Hauteur	Diamètre à la base et au sommet	Hauteur		
qm	m/m	m/m	m/m		m/m	m/m	m/m		kg	kg	m/m	m/m	m/m	m/m	mètres	Frs	Frs
10	2 800	1 200	600/550	1	11,5	11,5	14	10	4 000	4 500	3 600	2 200	1 600	500/750	16	4 375	940
20	5 000	1 300	650/600	1	12,5	12,5	15	10	5 000	5 500	5 800	2 300	1 700	500/850	20	5 625	1 250
30	6 250	1 500	750/700	1	14,5	14,5	16	10	7 000	7 500	7 100	2 500	1 900	750/1000	20	7 500	1 875
40	6 000	1 700	630/580	2	16,5	12,5	17	10	9 000	9 500	7 000	2 700	2 100	750/1000	20	9 375	1 875
50	7 300	1 700	630/580	2	16,5	12,5	18	10	10 800	11 500	8 300	2 700	2 100	750/1100	25	10 625	2 500
60	8 700	1 800	630/580	2	17,5	12,5	18	10	14 500	14 000	9 700	2 800	2 200	750/1200	30	15 000	3 125
70	9 000	1 900	700/650	2	18	13,5	20	10	16 000	16 500	10 000	2 900	2 400	750/1200	30	16 250	3 125
80	10 000	2 000	800/700	2	19	15	23	10	20 000	20 500	11 000	3 250	2 500	1000/1500	30	20 000	3 750
90	10 000	2 200	850/7[illegible]0	2	21	16	24	10	26 000	25 000	11 000	3 500	2 700	1000/1500	30	25 000	3 750
100	10 500	2 300	870/770	2	22	16,5	24	10	26 500	27 500	11 600	3 500	2 800	1000/1500	30	27 500	4 375

L'épaisseur de la paroi se calcule donc par la formule :

$$\delta = \frac{11,5\,\varepsilon.p}{4\,L}\ \text{cm},$$

dans laquelle il faut introduire la valeur L = 1750 kg/cm² ou 2800 kg/cm² suivant qu'il s'agit de tôle de fer ou d'acier.

Donc :

a) Tôles de fer soudé

$$\delta = \frac{11,5\,.\,\varepsilon\,.\,p}{2 \times 1750} = 0,0032\,\varepsilon\,.\,p\ \text{cm}.$$

b) Tôles d'acier.

$$\delta = \frac{11,5\,.\,\varepsilon\,.\,p}{2 \times 2800} = 0,002\,\varepsilon\,.\,p\ \text{cm}.$$

Ces calculs ont servi de base à la détermination des chiffres rassemblés dans la table VII.

Les épaisseurs de paroi des tubes-foyers sont déterminées en appliquant les formules empiriques de *Clark*.

L'emploi de la table VII est expliqué dans l'application 24 que nous traiterons à la fin du paragraphe.

Les formules précédentes peuvent s'appliquer, en les appropriant, au calcul des parois des récipients d'eau rivés et ouverts de forme cylindrique. Contrairement à ce qui se passe dans les chaudières et boilers fermés, la répartition de la pression de l'eau sur les parois d'un récipient ouvert, n'est pas uniforme. Elle croît avec la hauteur hydrostatique, laquelle dans les réservoirs cylindriques ouverts peut être prise égale à la hauteur du cylindre.

Désignons celle-ci par H mètres ; supposons que le corps cylindrique soit constitué par plusieurs viroles de hauteur h, de sorte que $\Sigma\, h = H$. Sur une virole d'ordre $1, 2, \ldots n$, la pression maxima sera $h, 2h \ldots, nh$ mètres d'eau, ou bien, en général :

$$n.\,h.\,1000\ \text{mm. d'eau}$$

ou

$$n.\,h.\,1000\ \text{kgs.}$$

Pour calculer l'épaisseur des parois, il faut partir du principe que cette pression d'eau est répartie uniformément sur la portion de surface correspondant à l'écartement des rivets s cm.

Dans cette hypothèse, l'effort total auquel est soumis la rivure longitudinale dans la virole inférieure du réservoir en tôle de diamètre D mètres, avec l'écartement des rivets s cm., sera égal à

$$\frac{s.\,n.\,h.\,D.\,1000}{100}\ \text{kg.}$$

Comme la résistance d'une rivure par cm. de longueur de rivure doit être égale à l'effort spécifique qui la sollicite, on a l'équation :

$$\frac{\pi d^2}{4} \cdot \frac{600}{s} = \frac{s.\,n.\,h.\,D.\,1000}{100\,.\,2s}.$$

Pour $e = 0,5d$; $s = 2,5d = 5e$, on a :

$$\frac{4e^2\,.\,\pi\,.\,600}{4\,.\,5e} = 5n.\,h.\,D,$$

ou

$$e = \frac{n.\,h.\,D.\,5}{\pi.\,120} = 0,013\,n.\,h.\,D\ \ \text{cm}$$

ou

$$e = 0,13\ n.\,h.\,D.\ \ \text{mm.}$$

Pour des raisons pratiques on choisit l'épaisseur des fonds sphériques égale à celle de la virole adjacente, quoique l'on ait :

$$\frac{\pi D^2 n.h.1000}{4\pi D.100} = 2{,}5\, n.h.D,$$

C'est-à-dire que l'effort de sollicitation est moitié moindre que dans la la rivure longitudinale de cette virole.

On ne descend pas au-dessous de 4 mm. comme épaisseur, parce que, sinon, on ne peut plus réaliser un matage suffisant du bord de la rivure.

Il n'est pas recommandable d'intercaler entre les tôles rivées des lanières d'étoffe, car celles-ci pourrissent à la longue.

Si, dans l'intérêt de l'étanchéité de la rivure, il est nécessaire d'adopter un écartement des rivets inférieur à 2,5 d, la formule finale doit subir une modification appropriée avant de l'appliquer au calcul.

Application 24. — *Quelle doit être l'épaisseur des parois d'un réservoir d'eau cylindrique de 6m,50 de diamètre et de 7m,0 de hauteur ?*

Le fond plat a une épaisseur :

$$\delta = 0{,}0032\ \varepsilon\ .\ p\ ;$$

ε étant ici le diamètre du réservoir.

Le corps cylindrique est supposé formé de 4 viroles de 1m,75 de hauteur ; donc $n = 4$, et $h = 1^m{,}75$.

On a : $$p = \frac{n\ .\ h}{10}\ \text{kg/cm}^2 = 0{,}7\ \text{atm.}$$

Donc :

$$\delta = 0{,}0032 \times 650 \times 0{,}70 = 15\ \text{mm. (fer).}$$

ou

$$\delta = 0{,}002 \times 650 \times 0{,}70 = 10\ \text{mm. (acier).}$$

L'épaisseur de paroi de la virole inférieure se calcule comme suit :

$$e = 0{,}13 \times 4 \times 1{,}75 \times 6{,}5 = 6\ \text{mm.}$$

Pour la virole suivante :

$$e = 0{,}13 \times 3 \times 1{,}75 \times 6{,}5 = 5\ \text{mm.}$$

Pour les deux autres viroles, le calcul donnant des résultats trop petits, on ne choisira pas une épaisseur inférieure à 4 mm.

Dans le cas où des charpentes en fer sont assemblées aux parois du réservoir, il est souvent nécessaire d'augmenter l'épaisseur des tôles d'après les données de l'expérience.

§ 2. — Commande des moteurs par courroie.

Les moteurs commandant les ventilateurs, pompes, etc., par suite de la faiblesse fréquente de la distance entre arbres, sont reliés avec ces organes, au moyen de courroies.

Par rapport de transmission, on entend le rapport n entre le diamètre de la petite poulie et celui de la grande.

Si n est inférieur à $\frac{1}{5}$, l'arc embrassé par la courroie sur la petite poulie devient tellement petit, qu'on ne peut réaliser une transmission complète de puissance.

Les vitesses périphériques ne doivent pas dépasser 25 m/sec, sinon la force centrifuge exerce une influence défavorable sur l'adhérence de la courroie.

La largeur de la poulie est de 10 % plus grande que celle de la courroie, et l'on augmente de 10 mm. la dimension ainsi calculée pour compenser suffisamment le glissement latéral de la courroie. La force d'adhérence de la courroie nécessaire pour transmettre la puissance, est obtenue par la tension de la courroie ; lorsque celle-ci est longue, son poids propre suffit pour réaliser la tension voulue.

La distance minimum qu'on peut adopter entre les deux arbres est égale à la somme des diamètres des deux poulies augmentée de 2 mètres.

Il faut éviter les courroies tirant verticalement vers le haut ; car, leur propre poids fait qu'elles adhèrent moins à la poulie inférieure, ce qui diminue le rendement de la transmission.

La courroie de transmission est donc un organe de traction, qui doit transmettre la force périphérique P de la poulie de commande à la poulie commandée.

Désignons par D le diamètre (en mètres), et par n le nombre de tours par minute de la poulie de commande. La vitesse périphérique sera :

$$v = \frac{\pi D \cdot n}{60} \text{ m/sec.}$$

La puissance transmise est alors :

$$\frac{P \times v}{75} \text{ chevaux-vapeur.}$$

La résistance à la traction de la courroie doit être égale à la force périphérique augmentée de la force d'adhérence.

Avec les valeurs usuelles du frottement, on admet que la somme de ces deux forces est égale à 2 P.

Désignons par b (cm) la largeur, et par δ (cm) l'épaisseur de la courroie ; on doit avoir :

$$2 P = b \cdot \delta \cdot R_c$$

R_c étant le coefficient de résistance à la traction de la courroie.

L'épaisseur de la courroie n'est pas proportionnelle à sa résistance ; au contraire, le cuir, tanné chimiquement, peut se gonfler et perdre de sa résistance. D'autre part, une épaisseur exagérée diminue la flexibilité de la courroie. Aussi introduit-on dans le calcul la valeur

$$\frac{P}{b} = \frac{\delta R_c}{2},$$

c'est-à-dire, la force périphérique admissible par cm de largeur de courroie.

La pratique montre qu'on peut adopter les valeurs suivantes :

$\delta =$	4	5	6	mm.
$\frac{P}{b} =$	4	5	6	kg.

en supposant des vitesses de courroie allant jusqu'à 25 m/sec., et un coefficient de sécurité égal à 15 environ.

Les largeurs praticables de courroie oscillent entre 20 et 1000 mm.

Application 25. — *Dans l'application traitée au § Ventilateurs, le diamètre de la poulie de l'électro-moteur est de 120 mm, et son nombre de tours* n = *1600.*

Quelles dimensions doit avoir la poulie montée sur le ventilateur, et quelles sont les dimensions de la courroie ?

La vitesse périphérique de la poulie de commande (moteur) est :

$$v = \frac{1600 \times 0,120 \times 3,14}{60} = 10 \text{ m/sec.}$$

Pour la transmission du mouvement, la vitesse périphérique doit être la même dans les deux poulies.

La poulie du ventilateur tournant à 300 tours, son diamètre sera

$$D = \frac{10 \times 60}{300 \times 3,14} = 640 \text{ mm.}$$

Le rapport de transmission est

$$\frac{120}{640} = \frac{1}{5} \text{ environ.}$$

La transmission est donc possible sans organe intermédiaire ni sans poulies-tendeurs.

La force à transmettre est

$$P = \frac{1 \times 75}{10} = 7,5 \text{ kg.}$$

Il suffira donc d'une courroie de 20 mm. de largeur et 4 mm. d'épaisseur

La largeur de la poulie sera :

$$20 + 0,1 \times 20 + 10 = 32 \text{ à } 35 \text{ mm.}$$

La transmission par courroie a de l'importance pour les ingénieurs de chauffage qui ont à installer des ventilateurs.

En comparaison du couplage direct d'un électro-moteur et d'un ventilateur, le couplage par courroie a l'avantage de permettre l'emploi des types normaux d'électromoteurs à grande vitesse et de résoudre plus de problèmes de transmission qu'il n'est possible en utilisant des régulateurs de vitesse. Mais la transmission par courroie demande un plus grand espace, et exige une surveillance plus grande pendant le fonctionnement du chauffage.

Ajoutons que le battement des courroies peut occasionner du bruit.

§ 3. — Tuyauteries.

Dans la technique du chauffage, on a l'habitude, dans le montage des tuyauteries, d'employer des tuyaux en fer soudés à rapprochement, pour les diamètres inférieur à 50 mm., et soudés à recouvrement pour les diamètres supérieurs. Dans le choix à faire, il faut se laisser guider par des raisons de prix, et de disposition générale.

Les tuyaux soudés à rapprochement sont réunis par manchons filetés (fig. 31 a) ; les tuyaux soudés à recouvrement, au moyen de brides. Si les premiers sont plus économiques que les seconds dans les petits diamètres, ils conviennent particulièrement pour le montage de colonnes montantes dans les étages, par suite de leur facilité de placement dans les angles des murs et dans les niches.

D'autre part, dans le cas des hautes pressions, les tuyaux à brides présentent une étanchéité plus grande que les tuyaux à manchons. Les brides sont ajustées sur les bouts du tuyau ; ou bien elles sont flottantes et buttent contre des bourrelets brasés ou soudés aux extrémités du tuyau.

Les tuyaux soudés par rapprochement, de même que les tubes Perkins dont les parois ont une épaisseur égale à 25 % du diamètre intérieur, exigent des soins particuliers dans leur mise en œuvre.

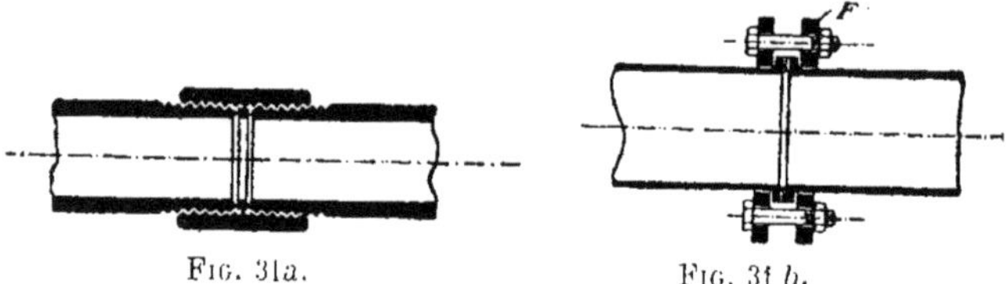

Fig. 31a. Fig. 31 b.

Les défauts ont la plupart du temps pour cause, une fixation oblique ou trop forte, l'emploi d'outils à découper émoussés, et le choix de rayons trop faibles dans les courbes.

Le rayon suivant lequel on courbe un tuyau doit être égal au moins à 3 fois le diamètre de ce tuyau.

Les tuyaux soudés à rapprochement doivent être courbés à chaud, après les avoir remplis de sable.

Les tubes Perkins, à cause de la forte épaisseur de leur parois, peuvent être courbés même à froid.

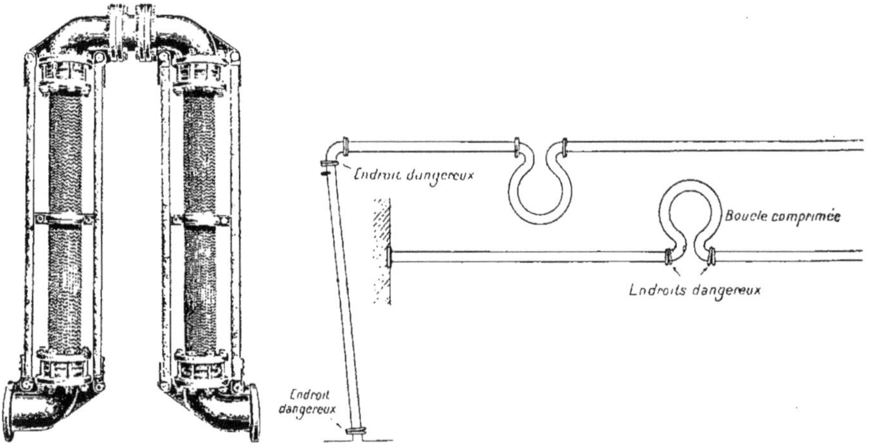

Fig. 32. Fig. 33.

Dès qu'on doit adopter des courbes à rayon inférieur à la limite fixée plus haut, il faut recourir aux tuyaux soudés à recouvrement.

Le joint dans les tuyaux soudés à rapprochement avec manchons filetés se confectionne au moyen de chanvre et de minium. Dans les tuyaux à brides, le joint est en caoutchouc ou en asbeste suivant qu'il s'agit de tuyaux d'eau ou de vapeur ; récemment on a utilisé avec succès dans les deux cas une matière ayant l'aspect du cuir, la klingérite.

Dans les tubes Perkins le joint est métallique, en ce sens que le bout d'un des tuyaux est taillé en double biseau qui s'imprime dans la surface plane de l'about de l'autre tuyau.

Outre les espèces de tuyaux dont nous venons de parler, on met également en œuvre des tuyaux sans soudure. Ce sont les meilleurs, mais également les plus coûteux.

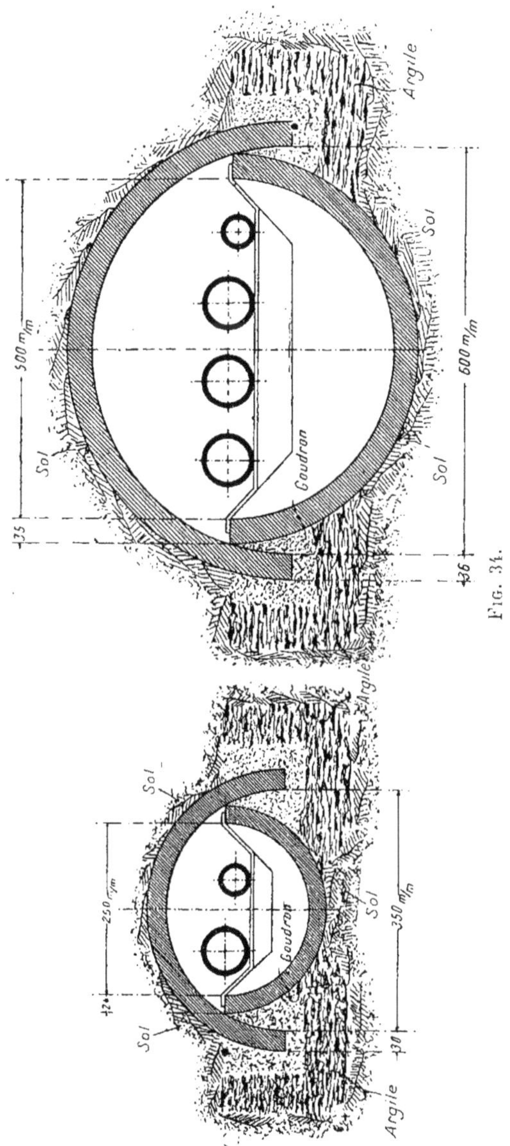

Fig. 34.

Comme ils ne possèdent pas de soudure, ils supportent un plus grand effort que les tubes soudés à rapprochement ou à recouvrement, et ils peuvent être fabriqués avec parois au $\frac{1}{10}$ mm. près.

En ce qui concerne la matière mise en œuvre pour la fabrication des tuyaux, on recourt soit au fer soudant au bois, soit au fer homogène au charbon.

La plupart des tuyaux du commerce sont en fer homogène qui présente une résistance et un allongement plus grands que le fer soudant. Par contre ce dernier résiste mieux, comme le montre l'expérience, à la corrosion chimique, etc.

Les embranchements des tuyaux à brides sont en fonte, ceux des tuyaux à manchons, en fer homogène ou également en fonte malléable. Pour pouvoir enlever de longs tronçons de tuyaux à manchons, le bout d'un des tuyaux jointifs est fileté sur une longueur suffisante pour que le manchon puisse s'y loger entièrement et permettre ainsi d'enlever l'autre tuyau.

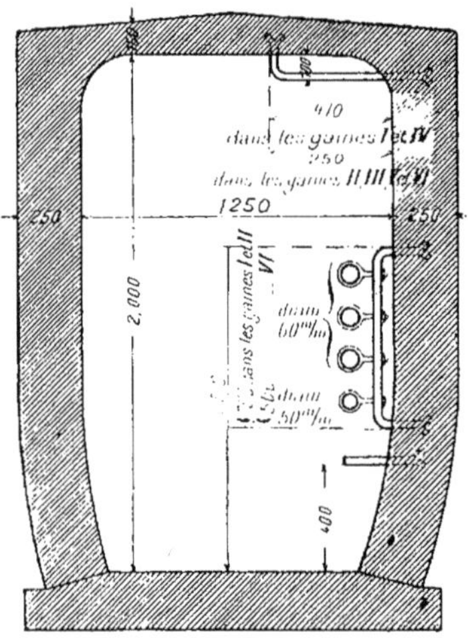

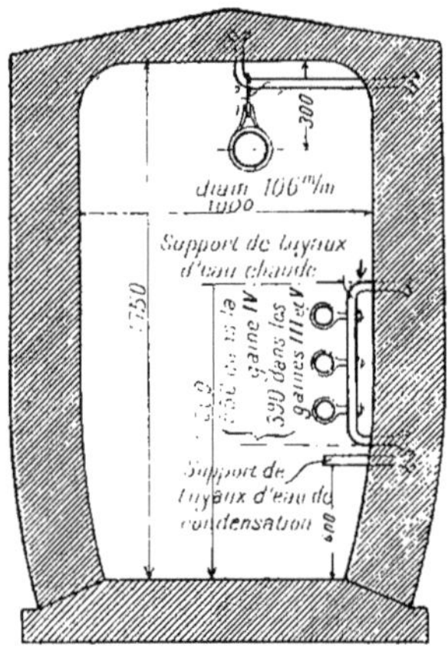

Fig. 35.

L'étanchéité des manchons qui doivent être ajustés avec une facilité relative, se fait d'une part au moyen d'un contre-écrou, d'autre part au moyen de chanvre et de minium.

Pour permettre l'allongement de longues tuyauteries, on y intercale des compensateurs en cuivre, ou, ce qui vaut mieux, des tuyaux métalliques flexibles (fig. 32 et 33).

Les premiers sont montés en forme deboucle, ouverte d'après l'importance de la dilatation à calculer. Le rayon de courbure du compensateur est égal à 15 fois le diamètre intérieur du tuyau.

Il vaut mieux cependant, chaque fois que c'est réalisable, monter les tuyauteries en zig-zag, de façon à leur donner de l'élasticité par leur tracé.

Les courbes en cuivre deviennent cassantes à la longue, d'après les données de l'expérience.

Nous ajouterons encore que, dans certains cas d'application, l'emploi de joints compensateurs à bourrage est indiqué.

La fixation des tuyauteries se fait au moyen de colliers pour les tuyaux verticaux, et au moyen de colliers de suspensions ou de paliers à billes pour les tuyaux horizontaux. Sous le sol, ils sont logés dans des galeries accessibles ou dans des coquilles en terre cuite (Fig. 34 et 35).

A l'endroit où les tuyaux traversent les murs et les plafonds, on place des fourreaux, pour permettre le glissement des tuyauteries dans leur allongement sous l'action de la chaleur, et pour éviter aussi la dégradation des enduits des murs.

En ce qui concerne le calorifugeage des tuyauteries, voir ce que nous avons dit dans le § Transmission de la chaleur.

CHAPITRE VI

INSTRUMENTS DE MESURE POUR LE CHAUFFAGE

Les mesures que l'ingénieur de chauffage doit effectuer sont principalement les suivantes :

1. Détermination de la température de l'eau, des gaz et des vapeurs ;
2. Détermination de leur volume et de leur densité ;
3. Mesure de la pression des fluides, des gaz et des vapeurs ;
4. Détermination de la composition chimique des gaz brûlés ;
5. Détermination de la dureté de l'eau ;
6. Détermination du rendement des moteurs et des machines, au moyen de l'indicateur, du frein et des appareils des mesure électriques ; planimètrie des diagrammes.

A. Températures. — La mesure des températures s'effectue au moyen de thermomètres à graduation élevée et à graduation basse.

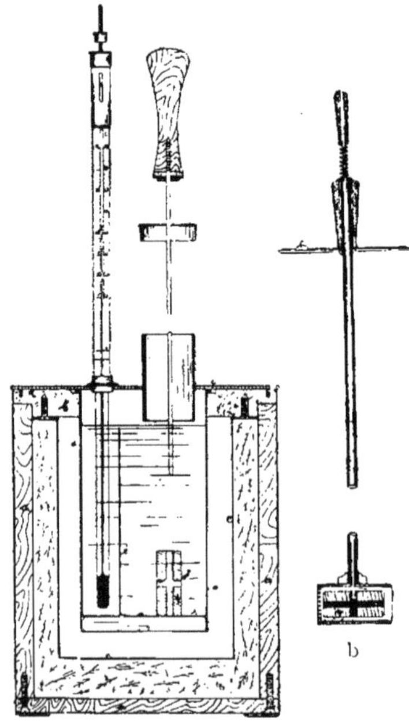

Fig. 36 a et b. — Calorimètre Schultze.

Quand on mesure la température de l'air dans les chambres de chauffe, il faut veiller à disposer le thermomètre à mercure de façon que la boule soit à l'abri du rayonnement de la chaleur de la surface chauffante qui se trouve dans la chambre. Quand on mesure la température à l'air libre, la boule du thermomètre doit être constamment dans un courant d'air.

Pour mesurer la température des gaz brûlés jusqu'à 550°C, on emploie des thermomètres à mercure remplis avec de l'azote, que l'on suspend dans le courant de gaz circulant dans le carneau. On ne peut les utiliser dans le cas de foyer à tirage forcé, car ils sont facilement détériorés par les flammes jaillissant dans le carneau.

Les pyromètres métalliques sont moins fragiles, mais aussi moins précis.

Pour mesurer les hautes températures, par exemple dans le foyer au-dessus de la grille, on utilise soit des boules fusibles qui fondent à une température déterminée, ou bien le calorimètre représenté dans la fig. 36 *a* et *b*.

Cet instrument comprend un récipient cylindrique *a*, fermé par un couvercle en ardoise *b*. Sous ce couvercle se trouve le manteau cylindrique *c* en nickel parfaitement poli. L'espace compris entre *a* et *c* est rempli d'asbeste.

Le calorimètre proprement dit *d*, parfaitement poli à l'intérieur et à l'extérieur, est suspendu par un bourrelet de renfort dans l'ouverture circulaire pratiquée dans le couvercle.

La tôle protectrice perforée *e* empêche le contact entre le fond du récipient *d* et la pièce métallique chauffée *g*.

La tôle *e*, protège le thermomètre.

L'appareil est fermé par le couvercle poli *f* qui porte, dans une ouverture le thermomètre, dans une autre un agitateur.

Le témoin en nickel ou en platine, après échauffement dans le foyer, est glissé dans le cylindre (fig. 36 *b*) à nombreuses perforations placé à l'extrémité d'une tige d'introduction, et y est maintenue par un ressort.

L'écran *h* couvert d'asbeste protège la main qui tient la tige.

La transmission de la chaleur se fait indirectement, du témoin en nickel chauffé préalablement dans le foyer, au thermomètre de calorimètre, par l'intermédiaire de l'eau remplissant celui-ci. Comme la chaleur émise par la pièce en nickel doit être égale à celle absorbée par l'eau, on peut, d'après l'indication du thermomètre, déterminer la température du foyer.

Supposons que le calorimètre contienne 1 kg. d'eau. Appelons :

x, la température cherchée du foyer ;

c, la chaleur spécifique du témoin en nickel pesant 1 kg. ;

t_m, la température maximum de l'eau après l'équilibre thermique ;

t_a, la température initiale de l'eau.

On a la relation $(x - t_m)\, c = t_m - t_a$.

D'où :

$$x = \frac{t_m - t_a}{c} + t_m$$

L'échelle du thermomètre comporte une graduation appropriée.

B. Volumes de fluides. — Les volumes de gaz et d'eau soumis à une forte pression sont déterminés au moyen de compteurs à gaz et des compteurs à eau, dont les graduations se comprennent d'après les fig. 37 et 38.

En ce qui concerne l'air sous faible pression, la mesure du débit de l'écoulement dans une section déterminée s'effectue au moyen d'anémomètres (fig. 39).

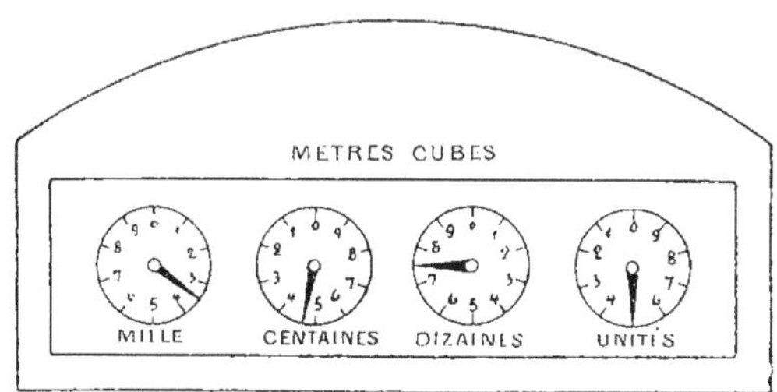

Fig. 37. — Compteur à gaz.

Si la lecture de la graduation donne 1265 au bout de 5 minutes d'observation, on calcule le débit d'air par seconde dans une section d'un m² au moyen de la formule :

$$\frac{1265 \pm \varepsilon}{60 \times 5} = Q \text{ m}^3/\text{sec}.$$

en désignant par ε la correction de l'appareil déterminée par tarage.

On peut également déterminer la vitesse de l'air par des mesures manométriques, en utilisant un tube de verre courbé en U et rempli d'eau, qui indique, par la dénivellation de l'eau dans les deux branches, la pression de l'air. D'après ce que nous avons vu, on a alors :

$$v = \sqrt{\frac{2.gp}{\gamma}} \text{ m/sec.}$$

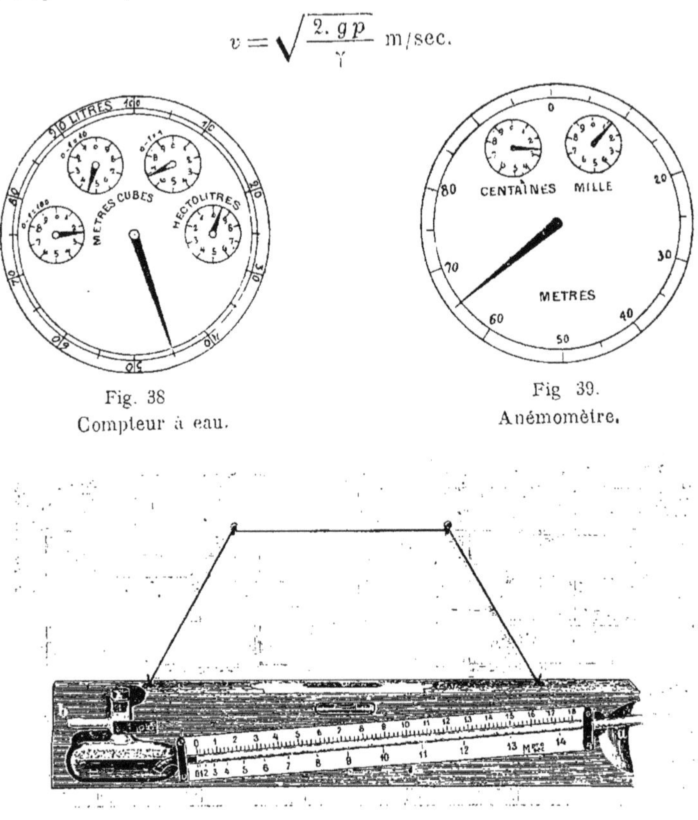

Fig. 38
Compteur à eau.

Fig. 39.
Anémomètre.

Fig. 40. — Manomètre à eau.

en appelant p la pression lue en mm., et γ le poids spécifique de l'air à la température de l'observation.

Pour augmenter la sensibilité du manomètre à eau, on lui donne la disposition oblique de la fig. 40.

Dans ces dernières années, on a introduit sur le marché des compteurs de vapeur basés sur le principe de la mesure de la pression.

En ce qui concerne l'emploi de manomètres du type Bourdon, de manomètres à mercure, et d'hygromètres à cheveu, nous avons donné les notions nécessaires précédemment (chap. II, § 5).

C. Poids spécifiques. — La détermination du poids spécifique des fluides s'effectue au moyen de l'aréomètre, dont nous avons donné la théorie dans le chap. II, § 3. Les poids spécifiques se lisent directement sur la graduation de l'aréomètre, en supposant que la température du fluide soumis à l'essai soit celle du tarage de l'instrument.

La détermination du poids spécifique de l'air aux diverses températures s'effectue de la manière connue, par le calcul (chap. II, § 3).

La densité des gaz de poids spécifique supérieur ou inférieur à celui de l'air se détermine en équilibrant les mêmes volumes de gaz et d'air dans des tubes communiquants à une température constante.

La pression différentielle lue au micromanomètre à eau est égale à la différence de poids ; en d'autres termes les pressions sont inversement proportionnelles aux poids.

D. Composition des gaz brûlés. — Elle se détermine le plus aisément par la méthode d'absorption. On emploie comme moyen d'absorption :

Pour le CO^2 : Potasse diluée à $\frac{1}{10}$.

Pour l'O : Acide pyrogallique au $\frac{1}{5}$ mélangé à 3 parties de potasse concentrée.

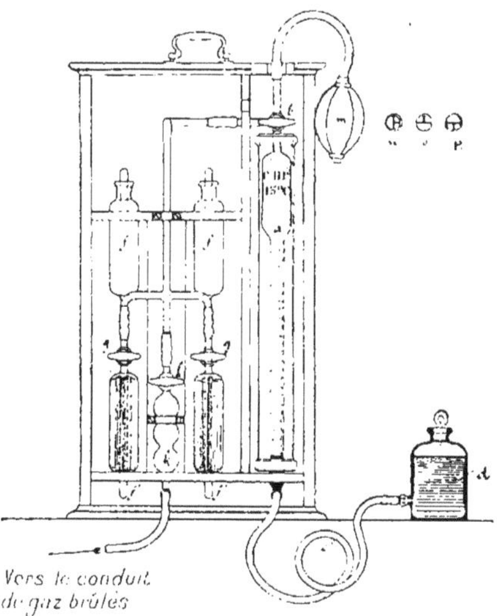

Fig. 41. — Appareil d'Orsat.

L'absorption se fait dans une burette de 100 cm^3, de sorte que la diminution de volume résultante donne directement la teneur en CO_2.

La manipulation se comprend d'elle-même par la description de l'analyseur de gaz d'Orsat (fig. 41).

La burette à gaz a mesure 100 cm_3. La graduation 100 cm^3 est marquée sur le tube capillaire, sous le robinet à 3 voies *b*. Sous la graduation O, la burette se raccorde à un tube en caoutchouc *c*, lequel est en relation avec un flacon *d* contenant le liquide séparateur. Au-dessus des vases d'absorption *f* se trouve un espace suffisant pour y loger le flacon *d*, au repos ou pour le transport. Les récipients d'absorption *f* sont formés chacun de deux corps cylindriques en verre de 110 cm_3 environ, mis en communication par un tube f_1. Le corps inférieur, qui peut être isolé par un robinet *g*, se termine inférieurement par un tube capillaire court muni d'un bout de tube en caoutchouc.

La burette à gaz *a* est en communication avec les vases d'absorption par le tube *i*. Ce tube *i* est en relation, par l'intermédiaire d'un robinet *l* et d'un filtre *k*, avec le carneau de fumée. Pour aspirer le gaz brûlé de celui-ci, on utilise l'aspirateur *m*.

Les connections des vases d'absorption, entre eux et avec le robinet à trois voies *b*, s'effectuent par tubes en caoutchouc.

E. Dureté de l'eau. — Pour déterminer la dureté de l'eau on utilise, dans la pratique, une solution alcoolique de savon.

Le savon transforme le carbonate de chaux contenu dans l'eau ; la formation d'écume permet de reconnaître s'il reste un excès de savon, une fois le phénomène accompli.

Si l'essai s'effectue dans une éprouvette de 100 cm.^{3}, les degrés de dureté sont à peu près proportionnels aux quantités de solution de savon employées, si celle-ci est titrée en conséquence.

Les degrés de dureté représentent les milligrammes de CaO contenus dans 100 grammes d'eau. On fait titrer la solution de savon en conséquence.

F. Rendements mécaniques. — Souvent il est nécessaire de déterminer le rendement des machines, pour en déduire la consommation de vapeur et d'eau de refroidissement (chapitre II, § 7).

La méthode la plus simple est celle par électro-moteurs. On peut supposer le plus souvent le voltage constant ; il suffit alors de mesurer l'intensité du courant par l'ampéremètre. Le produit du voltage par l'ampérage donne, en faisant intervenir le rendement électrique connu du moteur, une notion de l'énergie produite. Un calcul de l'espèce a été fait dans l'application 2 (chapitre II, § 7).

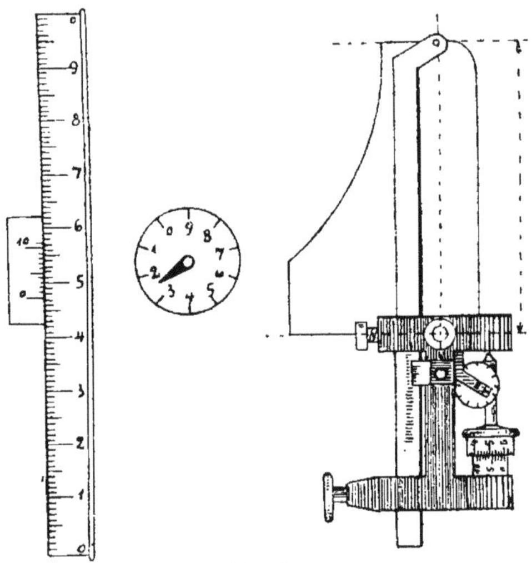

Fig. 42.

Pour déterminer la puissance développée par une machine à vapeur au moyen du diagramme d'indicateur, le planimètre rend de grand services (fig. 42).

Si le planimètre est fixé comme l'indique la figure, et donne la lecture 2474, la hauteur moyenne du diagramme est :

$$0,06 \times 2474 = 148,4 \text{ mm.}$$

	Marche à vide et transmission	Marche à puissance maxima	
	1	2	3
Pression dans la chaudière (atm.)	5,1	6 3	6,4
Pression à l'admission (atm.)	4.6 à 3,8	5,8 à 5,2	5,85 à 5,2
Diagramme — Admission °/ₒ	5 à 7,5	14,5 à 18	13,5 à 15,5
Diagramme — Lecture	85 et 89	207 et 230	153 et 160
Pression moyenne — devant le piston	$\frac{85\times0,06}{8}=0.64$ atm.	$\frac{207\times0,06}{8}=1,55$	$\frac{153\times0,06}{8}=1\ 15$ atm.
Pression moyenne — derrière *id.*	$\frac{89\times0,06}{8}=0,06$	$\frac{230\times0,06}{8}=1,72$	$\frac{160\times0\ 06}{8}=1,2$
Surface du piston pour D = 300 mm. d = 55 mm. H = 400 mm.	707 et 683 cm² (avant)	707 et 683 cm² (avant)	708 et 683 cm² (avant)
Vitesse moyenne du piston $v=\frac{2\,H.n}{60}$	1,6	1,53	1,53
Nombre de tours n	120	115	115
Ressort d'indicateur : 1 atm. = 8 mm.			
Puissance indiquée en HP. — devant le piston	4,68	10,87	10,52
Puissance indiquée en HP. — derrière *id.*	4,98	12,48	11,39
Puissance totale indiquée en HP	9,66	23,35	21,91

Si l'échelle d'élasticité des ressorts de l'indicateur est de 1 : 20, la pression moyenne de la vapeur est :

$$p_m = \frac{1}{20}\,148{,}4 = 7{,}42 \text{ atm.}$$

Appelons :

η le rendement ;
D le diamètre en m. du cylindre ;
p_m atm., la pression moyenne de la vapeur ;
n le nombre de tours de la machine par minute ;
H la course en m.

Le travail effectif de la machine sera :

$$T_e\,\eta\;\frac{\pi D^2}{4} \times p_m\,\frac{2\,H\,n}{60 \times 75} \text{ chevaux-vapeur.}$$

Si l'on veut déterminer la puissance effective directement, on applique un frein à l'arbre moteur principal de la machine.

Appelons :

P le poids appliqué au frein, en kg ;
n le nombre de tours par minute ;
R le bras de levier du frein en m.

On aura :

$$T_e = \frac{P}{75} \times \frac{2\,R\,\pi\,n}{60}$$

$$\eta = \frac{T_e}{T_i}.$$

Nous donnons ci-dessus un exemple d'essai de machine.

Recherchons la consommation approchée de vapeur de cette machine en supposant un rendement de 80 °/₀ et une perte de 5 °/₀ par suite de la vapeur restant dans l'espace nuisible.

Le poids d'un litre de vapeur étant de 0,0037 kg, la consommation de vapeur atteint

$$\frac{4 \times 7{,}07\,(0{,}15 + 0{,}05) \times 2 \times 115 \times 60 \times 0{,}0037}{0{,}8 \times 23{,}35} =$$

$$= 15{,}3 \text{ kg par cheval-heure,}$$

à la puissance maxima et à 115 tours par minute.

TABLE DES MATIÈRES

VANNES. — IMPRIMERIE LAFOLYE FRÈRES.

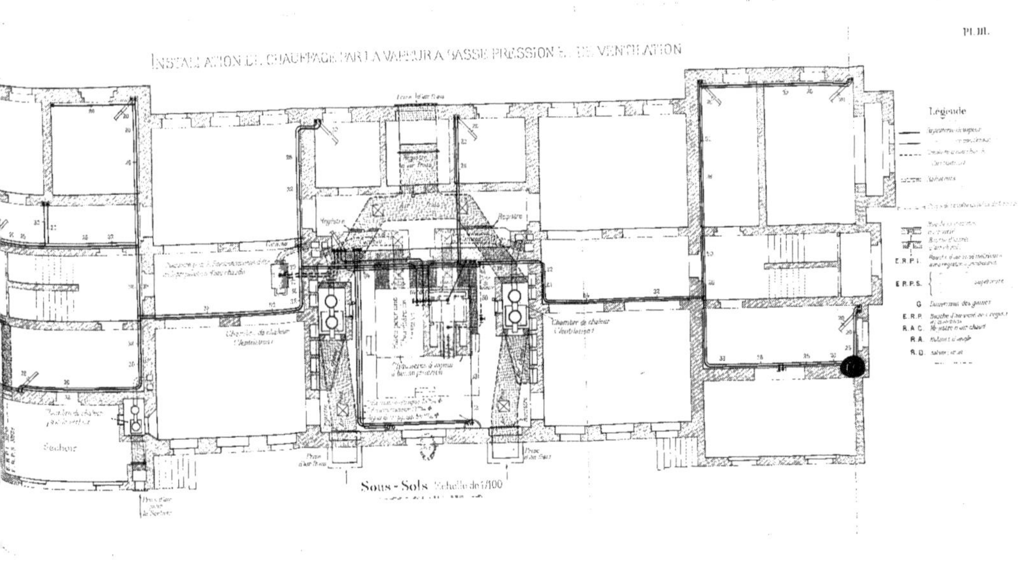
Pl. III.
Installation de chauffage par la vapeur à basse pression et de ventilation
Légende
E.R.P.I.
E.R.P.S.
G
E.R.P.
R.A.C.
R.A.
R.D.
Chambre de chaleur
Séchoir
Sous-Sols Echelle de 1/100

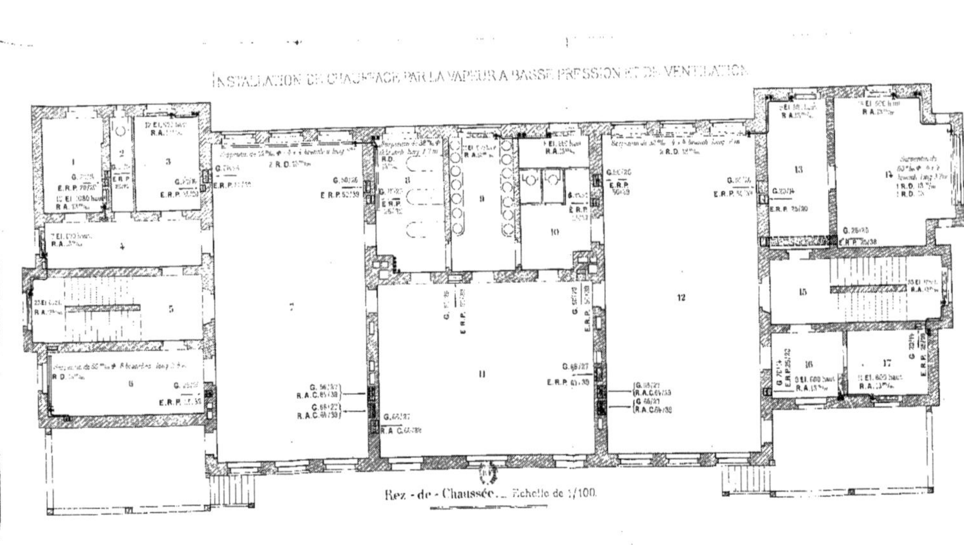

Rez-de-Chaussée. Echelle de 1/100.

INSTALLATION DE CHAUFFAGE PAR LA VAPEUR A BASSE PRESSION ET DE VENTILATION

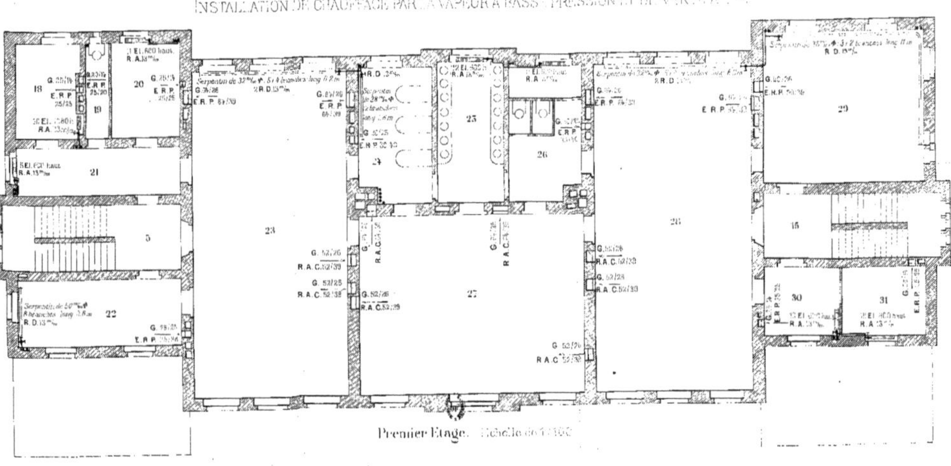

Premier Etage. Echelle de 1:100

INSTALLATION DE CHAUFFAGE PAR LA VAPEUR À BASSE PRESSION ET DE VENTILATION

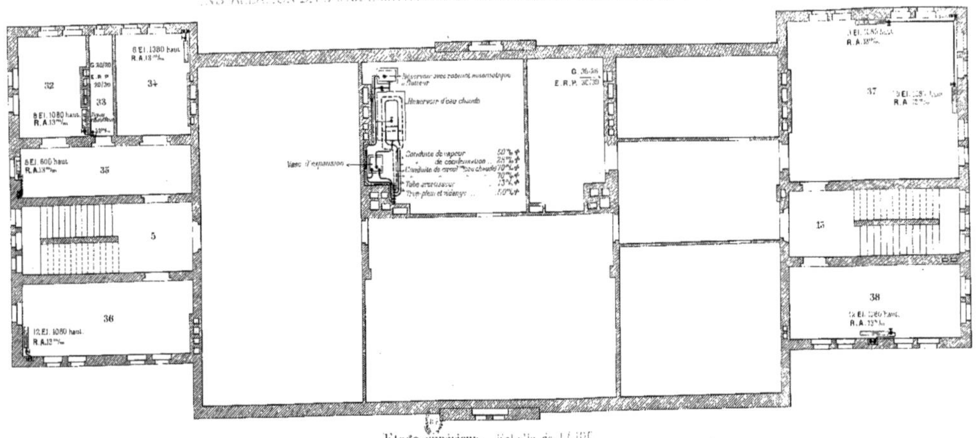

Etage supérieur. Echelle de 1/100

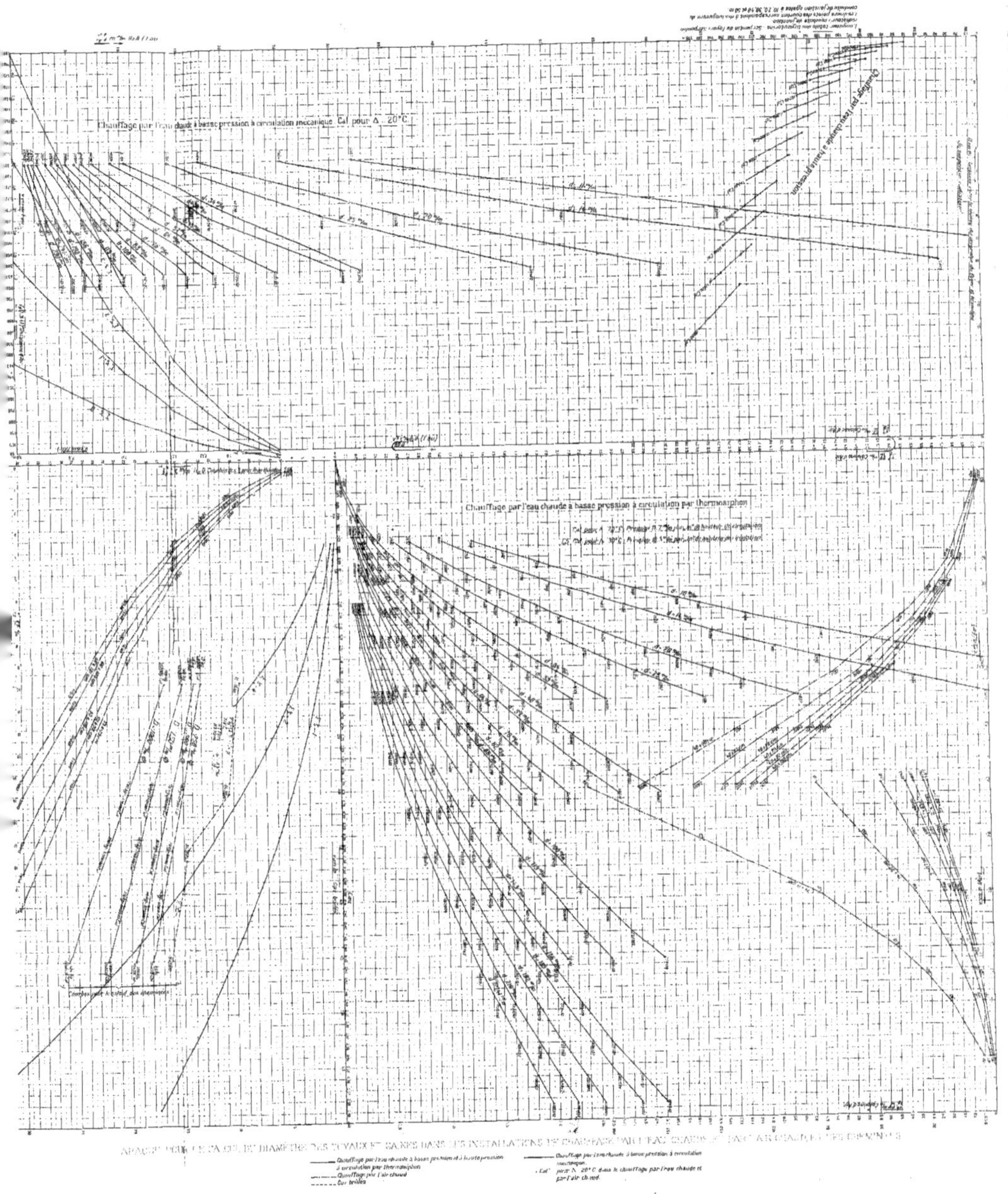

ABAQUE POUR LE CALCUL DU DIAMÈTRE DES TUYAUX ET GAINES DANS LES INSTALLATIONS DE CHAUFFAGE PAR L'EAU CHAUDE ET PAR L'AIR CHAUD, ET DES CHEMINÉES

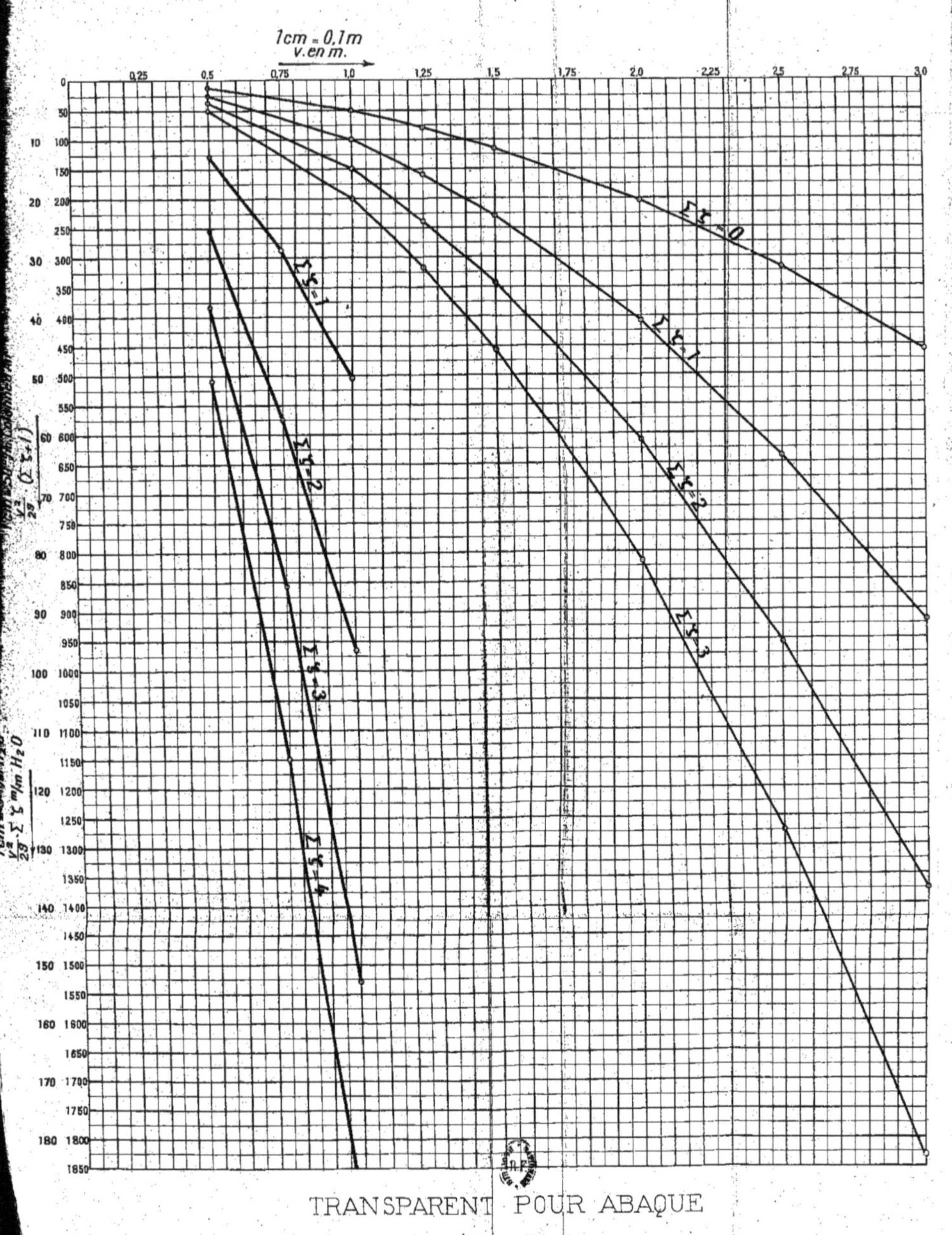

TRANSPARENT POUR ABAQUE

TÉLÉPHONE :
Nord : 39-14 – 14-49

Grande Chaudronnerie
DE PANTIN

TÔLERIE
TUYAUTERIE

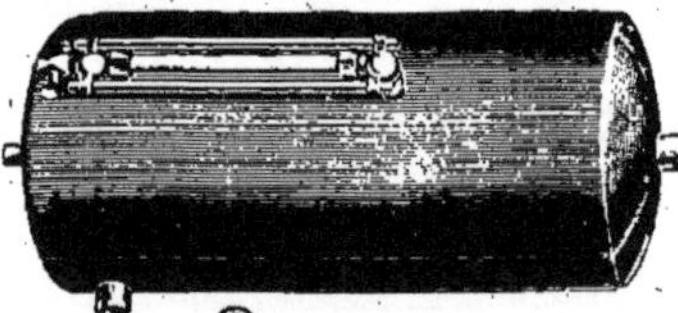

SOUDURE
AUTOGÈNE

Albert POULET

CONSTRUCTEUR

MAISON FONDÉE EN 1907

25, Rue Victor-Hugo – PANTIN

Spécialité de Réservoirs et Réchauffeurs

POUR INSTALLATIONS DE CHAUFFAGE MODERNE

BOUTEILLE RÉCHAUFFEUSE
dite Poste d'Eau chaude
entièrement galvanisée

BACS D'ALIMENTATION

CONDUITES EN TÔLE
pour toute ventilation

VASE D'EXPANSION POUR CHAUFFAGE
à Eau chaude
modèle cylindrique et rectangulaire.

SUPPORTS ET CONSOLES
pour installations de Réchauffeurs

SERPENTINS ET APPAREILS DIVERS

Nos Réchauffeurs sont absolument garantis pour Pression Paris 8 Kg et Banlieue. Sont essayés à nos ateliers avant leur livraison.

RÉPARATIONS DE CHAUDIÈRES, RÉSERVOIRS à des Prix Modérés.

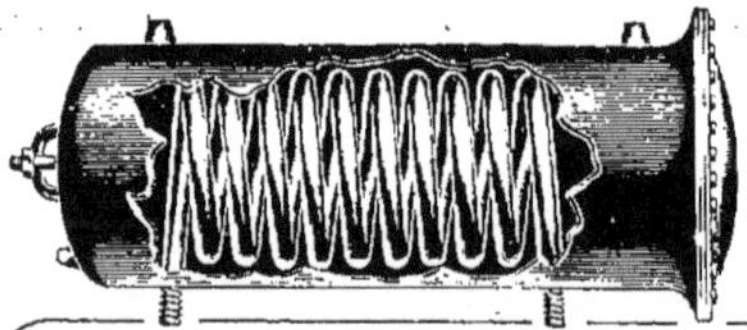

TOUS APPAREILS SIMILAIRES SONT
CONSTRUITS SUR DEMANDE

DEVIS FRANCO.

CLICHÉ H. BOIVIN. PARIS.

OUVRAGES RECOMMANDÉS (Suite)

* **Détermination des sections de canalisations pour le chauffage à eau chaude à circulation naturelle**, par E. Ritt, ingénieur *(sous presse)*.

Introduction et considérations générales. Coefficients et module de cohésion. Vitesses limites. Rugosité des parois. Coefficients de frottement. Equation générale et fondamentale. Application pratique. Chauffage d'étage. Exemple. Abaissement de la température de l'eau produit par le refroidissement de la tuyauterie de distribution. Tableaux ; coefficients de frottement pour les diamètres usuels et les différentes vitesses d'eau, quantité de chaleur en calories fournie par heure par les différents diamètres courants et différentes pertes de pression par mètre courant en m/m, abaissement de température produit par le refroidissement des conduites par mètre courant, etc. Coefficients de rendement admis et prescrits par l'association des Ingénieurs de chauffage allemands. — Prix broché. **11 fr. 70**

---

* **Méthode de calcul des projets de ventilation des locaux habités**, par Em. Mathieu, capitaine commandant du Génie belge.

Volume d'air de ventilation, pertes de charge, coefficients de résistance, zone neutre. Choix du système. Ventilation locale naturelle. Ventilation centrale par chauffage de l'air neuf, par pulsion d'air chaud. Conduite d'air froid et chambre de chauffe. Zone neutre fixée dans le local. Zone fixée en dehors du local. Ventilateurs hélicoïdaux, centrifuges. Ventilation artificielle. Méthode de calcul. Ventilation centrale par cheminée centrale chauffée. Méthode de calcul. Choix d'un foyer d'appel. Méthode de calcul. Choix d'un ventilateur. Ventilation centrale par appel mécanique central. Choix d'un ventilateur. 56 pages, 90 figures, broché . . . . **7 fr. 80**

---

* **Pratique des projets de chauffage**, par L. Mossé, ingénieur A. & M., entrepreneur de chauffage *(paraîtra en avril 1920)*.

Chauffage par la vapeur : Calcul des pertes en calories, calcul de refroidissement ; chauffage indirect ; température des locaux non chauffés ; chauffage direct ; surfaces de chauffe placées sous enveloppes. — Chauffage indirect : équation générale de la batterie, rendement d'une batterie, calcul d'une batterie ; tuyaux lisses placés verticalement, radiateurs, tuyaux à ailettes, poêles à ailettes, considérations particulières, exemple ; calcul des tuyauteries ; tableau donnant les sections de tuyauteries pour pression de marche de 50, 100, 150, 200, 250 grammes à la chaudière ; tableau donnant les poids de vapeur pouvant être transportés dans les tuyaux en cuivre. Règle à calcul pour chauffage. Retours d'eau condensée. La chaufferie. Raccordement aux tuyauteries. Accessoires pour chaudières à basse pression, etc. — Environ 100 pages, 70 fig. broché . . . . **11 fr. 70**

---

* **Instructions pour l'établissement et l'entretien des installations de chauffage central et de ventilation**, édictées par le Ministre des Travaux Publics de Prusse : traduit par Em. Mathieu, capitaine commandant du Génie belge.

Prix broché . . . . **3 fr. 90**

---

* **Etude technique et comparée des divers modes d'utilisation de la vapeur d'échappement, stations centrales d'énergie électrique et calorifique**, par A. Beaurrienne.

Prix broché. . . . . **1 fr. 50**

---

* **Production et distribution d'énergie calorifique à domicile par station centrale urbaine**, par A. Beaurrienne.

Prix broché. . . . . **1 fr. 50**

---

* **Le chauffage des appartements par l'eau chaude (chauffage par étage)**, par H.-J. Klinger, traduit par Léon Lasson (2e édition).

Opuscule 40 pages avec figures et tables dans le texte. — Prix broché. . **5 fr. 20**

---

* **Règles à suivre pour les essais de ventilateurs** *(sous presse)*.

Prescriptions générales. Objets de l'essai. Nature, nombre et durée des essais. Unités de mesure. Désignations. Calcul de la puissance utile. Conduite des essais : Considérations générales, essais sur les ventilateurs de mines, essais sur les autres ventilateurs. Notices explicatives sur les règles pour les essais des ventilateurs. Problèmes généraux et considérations particulières sur les ventilateurs : Pression et mesure de la pression, mesure des vitesses et débits, calcul de la puissance utile, ouverture équivalente, caractéristiques. — 48 pages, 20 figures. Broché . . . . **5 fr. 20**

www.ingramcontent.com/pod-product-compliance
Ingram Content Group UK Ltd.
Pitfield, Milton Keynes, MK11 3LW, UK
UKHW020151220726
13923UKWH00001B/467